看不见水的鱼

日常生活的
人类学瞬间

刘琪 著

上海文艺出版社

导 言

认识自己

几千年前，古希腊奥林匹斯山上的德尔斐神殿里有一块石碑，上面写着：认识你自己。这是古希腊哲学家苏格拉底的一句名言。他认为，当时的自然哲学家们过多地追求探索外部世界，而没有好好地理解自身。在苏格拉底看来，真正的知识一定是内在的，人最重要的任务，不单是用感官探索自然，更是用心灵感受自身。只有认识了心灵的内在原则，才能接近、触摸自己的本质和特性，过一种富有意义的、充实的人生。

今天，距苏格拉底提出这命题已经过去了几千年，而认识自己的任务，无论是人类社会还是个体，却远远还没有完成。不仅没有完成，在我看来，似乎在很多时候，我们还离这个目标越来越遥远了。

身处于这个时代的人们，从出生起，最大的感受可能就是一个字：忙。小时候忙着学习，忙着考试；长大了忙着工作，忙着赚钱糊口；结婚生子后，在打理工作和家庭关系之外，还得忙着养娃、"鸡娃"，让娃们重复自己走过的道路，赶往一条常规而拥挤的"正途"……忙着忙着，一辈子就过去了，回过头看看，好像从未认真想过关于"自己"的问题。与此同时，生活在一个信息爆炸的社会，人们每天都在接受海量的外部信息，短视频等正占据着人们并不富裕的闲暇时光。人们总感觉时间不够用，学的东西不够多，可转而又发现，即使学到再多的东西，人脑似乎还是跟不上飞速进化的人工智能（AI），跟不上社会变迁的节奏。很多人开始感到焦虑、无力，觉得自己难以把握现在，更别说预期未来，于是，用消费麻木神经，迷醉地享受当下，远离严肃的话题。

但认识自己的重要性并没有降低。越是身陷多元复杂的社会，我们反而越需要认识自己，这样，才能更好地安置自己的身心。

若作比较，整体上，我们确实生活在一个不错的时代。从基本生活条件来看，物质充裕，医疗条件良好，没有大规模的战乱，几乎不用担心摧毁性的自然灾害带来的饥荒等问题。从社会发展程度来看，我们的社会比起此前千百年也自由、包容了很多：女性不再是婚姻中的交易品，不用缠厚厚的裹脚布；老弱病残基本能得到照料，不会被完全排除出正常的社会生活；各种亚文化、小群体有自己坦荡的生存空间，不至于被粗暴压制……

然而，糟糕的地方无法令人忽视。看似安定的生活、多元的选择，并没有给我们带来内心的安适和幸福。离婚率上升，生育率下降，越来越多的年轻人选择成为"不婚族"；"卷"、累、躺"成了常态，"打工人"找不到工作和生活的意义，只能制造各种段子自我调侃；AI 经常让我们怀疑自己，甚至有些人认为，人类终将无法避免被机器统治的命运……

在几百万年的人类历史和宇宙的洪流中，这个时代不过是一个短暂的横截面。我们恰好生活在此刻，享受着它带来的便利，也承受着它带来的痛苦。认识自己，即使仍旧得在琐碎的日常中忙碌，但至少从精神上，能让我们有所跳脱，站在一些不一样的视角重看世界和生活；即使仍旧难以改变未来，但至少，我们能够知道，自己正在经历些什么。

*

关于认识自己的方法，古往今来，大致有两类。一类是"内省"，即通过不断地向内观看，实现对自我的了解和认知。现代科学技术的进步为这种内省提供了更多条件：医学可以通过解剖人体，了解骨骼的构造、血液的流向、大脑的构成；

弗洛伊德的精神分析法认为，经由解析梦，可以探知一个人潜在的心理状态；AI技术则可以用实时监测等手段，为一个人提供关于身体和精神的大量信息。

另一类方法，是"外观"，人类学为其中的代表。人类学认为，每个人都生活在特定的时空中，我们对世界、对自己的认知会受到这个特定时空的限制。认识自己的最好方式之一，便是去到其他的时空，看看其他人是怎么生活的，并通过"他者"的生活方式，反观自己。

需要明确的是，关于文化的社会知识，其答案与解释并不是唯一的。与科学知识相互比较，能更好地说明社会知识的特征。科学知识的特点在于可重复性、可验证性。科学规律的对错，可以用实验证明，找到不变的规律，是科学家不懈的追求。社会现象与知识则不是这样。每个社会中的人吃的食物、表达情感的方式、过节的风俗等，基于不同的时空，各不相同。这些特定的生活方式和习俗（或者说，文化）像万花筒中的景象，令人一时眼花缭乱，我们也无法把某个社会、某种习俗真的关到实验室里去研究。

每种社会、每种文化都是人类想象力与心灵的独特呈现，都在尝试回答关于人类应当如何生存的终极命题。文化如水，每个人都是生活在水中的鱼。对于鱼而言，水自然是不可或缺的，但也是难以觉察的；同时，世上并不只有一个水塘，还有很多人，在以和我们完全不同的方式生活。

如果去到非洲南部的卡拉哈里沙漠（Kalahari Desert），我们会发现，那里生活着名叫闪族（也叫闪米特族，Semites）的游牧部落。他们住草棚屋，赤脚，男女都只在下体裹一块布遮羞；一年中最主要的水源是从植物根部找到或从动物内脏里挤出的液体，用涂了毒药的弓箭捕食动物；在最热的季节，将自己埋在用尿液浸湿的沙坑里躲避酷暑；他们没有私有财产的概念，平静地面对随时可能到来的死亡。电影《上帝也疯狂》中的部落就是以他们为原型的。非洲或许还是离我们有点遥远了，同为文明古国的印度，可能大家更熟悉。从到那里的第一天起，我就处于一种混乱的轰鸣状态：汽车、"突突车"（烧油的载人三轮车，启动时会发出巨大的"突突"声）、人力三轮车、行人，还有牛，都几乎没有间隔地挤在同一条路上，磕碰、剐蹭，乃至并不严重的人车互撞，在这里司空见惯；火车车厢外真的像电影里那样挂满了人；吃食大部分用手抓，路边小摊卖着黑乎乎的奶茶；浑浊的恒河水里有很多人在虔诚沐浴。你可能会觉得这些生活方式完全难以接受，甚至有点"不文明"，但反过来看看自己——穿着体面，拿着智能手机，在钢筋混凝土的丛林中低头匆匆穿过，住在方正的隔间里，吃着连锁餐厅的食物。这样的生活，一定是更"好"的吗？

　　不同文化间没有高下对错之分，这是人类学的另一核心理念。每种文化都设定了一个特定框架，每套框架下看待世界、构建生活的方式，自有局限。如果总是待在自己熟悉的生活方式中，用惯常的那一套思考，那看到的世界以及对自己身处的小世界的认知，多少是狭窄的。如果有一个契机，可以试着游出自己的水塘，接触、了解其他文化，在文化震撼中看看另一种生活方式，听听他人是怎么想的，如此，对自我、对近身之处的认识，可能会有所更新。

*

这也是这本小书的旨趣所在：破除日常生活中习以为常的认知，聊聊更大的世界，深切地关心自己和身边的人。

你会读到古往今来很多社会中的故事，有些甚至可能会引发让你不舒适的感受，你的感受当然是真实的，但这些故事也是真实的，都来自人类学家长期的、切身的观察。你也会读到我自己的一些经历，包括我在田野调查时的所见所闻以及我个人生活中的片段。从接触人类学这门学科开始，我时常会对这个世界生出陌生的感受——把自己从生活中抽离出来，带着他者的眼光回望自己经历的一切。有时候，朋友或学生会问我，人类学对我而言意味着什么，我想，人类学已经融入我的血液，是我生命的一部分——我一边努力、投入地生活，一边需要保持与生活的距离和对它的反思——我始终相信，这种距离，能让我们对身边的很多事情，尤其是令人困扰却难以抽身的那些，抱有戏谑而清醒的态度。

在读到这些故事的时候，你会发现它们并非与自己全然无关。我们会尝试找寻日常现象背后的知识前提，这至少能让我们在智识上共同思考：为什么我的生活会是现在这个样子？有什么是我可以改变的？我应该改变些什么？

当代著名人类学家英戈尔德（Tim Ingold）曾写道，人类学带领我们意识到并接纳他人的存在，学习他们的生活经验，并且将这一段经历带回到我们的想象图景当中。作为生活在现代社会这个水塘中的鱼，我们可能无法离开这片水域，但至少可以做一条逐渐发现水、重新感知水的鱼，在往返的虚拟时空穿梭中，在和他人相遇、和自己重逢的那些瞬间，再一次认识自己身处的在历史长河中只是一刹那但对个人的一生来说却意味重大的社会和具体生活。

如果你愿意和我一同开始这样的思想旅程，请借着这本书，和我一起遇见他者，发现世界，感受自身。

目　录

导　言
认识自己　i

第一章
文化　1

一如鱼离开了熟悉的水域，对自身文化的发现与感受，往往在接触其他文化的时候才会发生。

第二章
婚姻　25

现代人的困境，很多时候在于把婚姻作为义务、责任的同时，又将它和自由、爱情联系在了一起，而在现实情境中，它们的和谐共存并不容易。

第三章
礼物　49

"谁甘心就这样，彼此无挂也无牵。我们要互相亏欠，要不然凭何怀缅。"人和人之间，无非是你欠我，我欠你，有来有往。

第四章

巫术　　73

他们用巫术解释生活中的悲剧，再用神谕和魔法来平复自己的心情，当魔法完成的那一刻，他们告诉自己，这件事过去了。而现代人，只能用眼泪或失眠，在内心慢慢消化情绪。

第五章

边界　　97

逐渐地，边界的生成过程被人遗忘，让人以为这一切都是自然的，让人忘记他们以为是仇人的人，其实在不久之前还是朋友。

第六章

象征　　121

足球，包括各种现代社会中的体育运动，也是我们"讲给自己听的关于我们自己的故事"。

第七章

饮食　　143

在北大食堂面食部的刀削面只需4元一碗的当年，我竟会花将近200元，在大不列颠的心脏吃了碗面！然而我确实那么做了——我的胃，证明了我是彻头彻尾的中国人。

第八章

狂欢　167

社会是一个巨大的舞台,我们戴着面具在其中扮演不同的角色,在企业里做员工,在家里做父母和子女,在陌生人面前保持友善的距离……

第九章

洁净　191

绝对洁净和绝对安全的地方是不可能存在的,绝对纯洁的环境是空谈与危险的。

第十章

人工智能　209

想象一下,一位传统人类学家忽然来到了今天的地球,看到那些走路都盯着手机不放的人类,他/她一定会感到很新奇,甚至会说:"我发现了人类的一个新品种!"

参考文献　229

第一章

文化

我想先聊一个相对根本的问题，自然与文化，放到具体的人身上，便是生物性和社会性。人是一个生命体，有自己的生物特征，所谓食色性也，是人类的本性，也是维持人基本生理运转之必需。这些事，是所有人共有的。而社会性，可以理解为不同社会完成这些事的方式。这里面差别可就大了，毕竟满足人类生物性的社会性方式有很多种，也就是我们常说的文化多样性（cultural diversity）。

人们身体的可塑性，其实是很大的。大量通常被认为属于生物性的行为，并非自然、理所当然、不可更改，而是被特定的社会、文化塑造的。在这本书中，我们将会谈到很多这样的现象。我们成长、生活在特定的文化之中，逐渐也就习惯了其中的生活方式，或者说，这种文化对我们来说成了"自然"。这本来没什么问题。但当看到和自己不一样的文化时，人们又往往会觉得对方不自然、很难理解，甚至不文明、野蛮、落后。

从这里开始，我们会不断地挑战这种思维模式，除了理解他人，也将不断地通过别的文化，更好地认识我们自身。

⊙ 有多少"与生俱来"？

我们的生活，到底在多大程度上真的是"自然的"？先从一则最简单的案例说起：喝牛奶。不少人小时候喝牛奶，长辈会告诉你，牛奶很有营养，喝了牛奶才能长高，身体才会健壮。美国更是牛奶消费大国。有一段时间，在美国到处都是"来杯牛奶吗？"（"Got milk?"）系列广告，广告商找来一群赏心悦目的明星，让他们嘴上沾着牛奶沫，鼓励人们多喝牛奶。据说，一个美国人一生要消耗6吨牛奶，几乎每天都要喝掉两大杯。

但有些人，偏偏就不能喝牛奶，一旦喝了，会出现恶心反胃、腹部胀气、拉肚子甚至剧烈呕吐等症状，即乳糖不耐受。牛奶里含有一种叫作乳糖的碳水化合物，而这些人的体内刚好缺少能够消化这种物质的乳糖酶。在美国，长期以来，乳糖酶缺乏被视为一种异常，甚至是一种疾病。有些高傲的白人，甚至还把它和非裔美国人联系在一起，认为正是因为他们不能喝牛奶，所以才长得又黑又矮。

然而，人类学家在比较了世界各地的饮食文化后，发现乳糖不耐受并不是一种病。[1] 人类是哺乳动物，每个人在出生的时候其实都带着制造乳糖酶的基因，所以我们在婴儿期能够消化母乳。断奶之后，幼儿体内的乳糖酶会逐渐减少，随着儿童对成人食物的依赖程度越来越高，乳糖酶的制造量就越来越少，取而代之的是其他消化酶。长大成人后，制造乳糖酶的基因便会停止活动，这使得大部分正常成年人是无法消化牛奶的。根据大规模调查，世界各地可以喝牛奶的成年人，只占总人口数的10%。看来乳糖不耐受不是什么问题，相反，存在乳糖耐受的成年人，才是奇怪的现象，值得研究。

进而，研究者发现，这些成年后还可以喝牛奶的人，他们的居住地有一个共同点：当地的畜牧业与乳业都有相当悠久的历史，牛奶及乳制品也是当地人的主要食物之一。从历史上看，这些人之所以能喝牛奶，是因为他们身上的基因在某个时刻发生了突变，从而能够更好地适应身处的环境。更有趣的是，现有的研究并没有发现牛奶中到底有什么至关重要的营养成分。通常认为的钙和蛋白质，其实人类完全可以通过将牛奶制成更易消化的乳酪或酸奶来摄入，而不需要付出基因突变这样的"辛劳"。

如果说在畜牧业普及的地方，人们已经完成了基因突变，可以消化牛奶，那牛奶传播到那些并不是以畜牧业为主的地方并流行起来，就不单是营养学或生物学的问题了。根据考证，20世纪初，美国农业尚以种植业为主，牛奶在美国的普及，与那时的欧洲移民潮有关。不少来自北欧的移民已经携带了成年后仍可以制造乳糖酶的基因，他们留在美国繁衍生息，和当地人通婚，"可以喝牛奶的基因"逐渐传播了开来。更重要的是，随着移民的后代们登上主流社会的舞台，喝牛奶成了一种主流文化。敏锐的商家也抓住了这个新兴商机，邀请明星代言，鼓励人们多喝牛奶。相比之下，不喝牛奶似乎就有点"土气"了。牛奶在不知不觉中被接受为了美国饮食文化的一部分。

而牛奶在中国的普及过程，则与改革开放息息相关。古时，牛奶主要是北方游牧民族的食物。20世纪初，来自西方的新技术、新产品大量进入中国，人工养育奶牛和牧场管理的技术也随之而来，中国乳业有所发展。然而，这一时期消费牛奶的多是军阀、资本家，普通老百姓根本消费不起。20世纪80年代，随着对外开放，牛奶被作为一种营养品大肆宣传，甚至还有商家提出了"每天一斤奶，强壮中国人"的口号。20世纪90年代，瑞典利乐公司把无菌复合纸包装从北欧带到了中国，直接推动了中国乳业"黄金十年"的到来。据不完全统计，至少80%的中国人都存在乳糖不耐受的问题，因为生活在传统的农业大国，我们大部分人并没有畜牧业地区的人那样的消化牛奶的基因。小时候我被长辈逼着喝牛奶，就经常会觉得肚子胀、难受、想吐，但为了"营养"，不得不硬着头皮喝下去。但逐渐地，中国人的身体也慢慢适应了牛奶，这习惯也还在往下传递给我们的后代。

在现代社会，已经有很多种食物（饮品）可以替代牛奶来提供相应的营养成分，但人们还是把喝牛奶当成了一种生活习惯。这并不是人们的自然状态，从生物基因来说，很多成年人是不适宜喝牛奶的，但商业资本和社会变迁的结合，创造了一种新的、喝牛奶的文化，这种文化甚至改变了生物基因。

很多看似属于生物性的现象，一经深究，大多属于文化的范畴。从总体上来说，文化是高于生物性的，也是人类区别于动物的标记（人类学家通常用大写的"文化"，即Culture，来表示这种总体的文化），而落脚到每个社会，文化是具体的，和人们的日常生活息息相关。就拿生育来说，这个看似十足生理性的行为与过程，其实充满了文化的选择。在中国，有产妇坐月子的习俗，女性生完孩子后，需要在家中至少静养一个月，不能见风等，讲究一点的家庭，还有坐"双月子"的说法，认为这样能让产妇恢复得更好。但在西方社会，很多女性生完孩子回到家里，没有什么特别的忌讳，自己觉得身体条件允许了，就出门散步、逛街。再说到抚育婴儿，在我们看来，基于一种母婴之间的"天然"联结，刚出生的婴儿应该和妈妈睡在一起，这样会让孩子睡得更香甜，更有安全感。而在美国等地，不少父母却主张让一个还不会说话,甚至不会翻身,只会哼哼唧唧的婴儿,独自在婴儿床上,甚至单独的房间里睡觉。这在我们看来,多少有些残忍,但在他们看来,这是从小培养孩子的独立性。同时,成年之后,美国人和父母、家庭的关系,至少在形式上会比我们弱很多,这与他们文化里强调个体独立的价值观有很大关系。上述种种,在不少中国父母看来大概是不易接受的,但在西方文化里,这是习以为常的"自然"之事。

我们通常认为的天然与自然,远比想象中复杂。人类需要生存,这是逃不脱的,但生存的方式,会受到文化的规约。每种文化的生成,都是一个繁复的历史过程,是气候、地理环境、经济、政治等因素的综合作用。人类生物性的部分,如肤色、发色、骨骼结构,可以通过生育而获得自然的传承;文化的部分,则需要通过后天的学习,没有一个婴儿刚生下来,就天然拥有父母全部的关于生活和社会的知识储备。在这个意义上,每个人的成长,都包括两个方面:一方面,是自然的成长;另一方面,是社会性的成长,是逐渐接受社会文化中的价值理念、行为规范、生活方式,并把它们内化的过程。后者的发生由于十分潜移默化,往往被人忽略,而我们想讨论的,正是这一重要过程。

⊙ 鱼如何看见水

因《菊与刀》而广为人知的美国人类学家本尼迪克特（Ruth Benedict），有次和一位印第安首领聊天，首领说了这么一句话："一开始，上帝就给了每个民族一只杯子，一只陶杯，从这杯子里，人们饮入了他们的生活。"这虽然有点神秘主义的色彩，但很形象地说明了生物性和文化性之间的关系。虽然人都有生物性需求，但实现这些需求的方式，却是多种多样的，人类行为方式的可能性几乎可以说是无穷的。而每一个地方、每一个部族，只能从无穷的可能性中选择一些，以构成自己的文化特质。这些不同的文化特质，可以被称为文化模式（cultural pattern）[2]。文化模式，首先是一套价值体系——什么东西重要，什么东西不重要。人们在认同这套价值体系的基础上，据此在具体的社会情境中行事。

我们从出生那一刻起，就被扔进了某种文化，开始这一认同的过程，然后在潜移默化之中，接受这种文化的价值观，按照这种文化的行为模式、思维方式去做事、思考。在这个过程中，我们就像一张白纸，浸染在文化染缸中，成为带有特定色彩的社会人。这种浸染之深、之细，往往是我们未曾意识到的，以人的成长过程而言，一出生，我们的吃喝拉撒就已经都是文化规定的了：新生儿是吃母乳还是吃奶粉，是饿了就喂还是定时定量喂，这在不同的文化中就不一样；新生儿的大小便还不受控制，从尿布到纸尿裤，是一种文化的发明；婴儿发的第一个音，说的第一句话，是文化中最重要的组成部分，语言……逐渐地，婴儿有了自主意识，开始学会怎么跟人打招呼，明白哪些人是亲属，这是最初级的社会化：像我们中国人，会学到跟人表示友好的方式是握手，而不是见面就亲吻；要叫父亲的兄弟为叔叔伯伯，妈妈的兄弟为舅舅，而不是统一用 uncle 来指称；我们的胃会逐渐习惯喝温水，吃米饭，而不是喝冰水，吃面包……慢慢地，这一切就变成了日常生活中最基础的部分，我们不会过多地去想，但就是会这么去做——这是将文化内化的过程。等到六七岁的时候，孩子会被送到学校，学习在这个社会中传承了很多代的知识，进一步成为合格的文化人。更细致入微地来说，诸多从文化中学会的下意识行为，都成了我们难以察觉的身体习惯。[3] 比如使用筷子，从儿时有意识地学习控制手指，到轻松而不假思索地用筷子夹菜吃饭，这本是属于文化里的东西，就这样被刻进了我们的身体之中。当一种文化转化为身体习惯后，它便会被自然而然地传承下去。

正如导言中提到的，每个人都像某片水塘中的鱼。在成长的过程中，长期生活的水塘，自有一套生态系统，逐渐成了我们的舒适区。一旦游到其他的水域，甚至离开了水，我们就会觉得难受、不自在。一如鱼离开了熟悉的水域，对自身文化的发现与感受，往往在接触其他文化的时候才会发生：当你放下筷子，第一次拿起刀叉吃饭时，要很拙劣地去想、去尝试怎么切肉；当你吃再多面包，也还是觉得得吃口米饭才算吃饱；当你发现自己没法对长辈直呼其名……这些其实都是身体对陌生文化的反应。一个人离开熟悉的地方，难以适应的不仅是陌生的语言和气候，还有新的习俗和文化氛围。自己以前熟悉的一切忽然不在了，心里变得没着落或思乡，这是文化无形的力量与影响。

任何一个人，都不可能脱离文化去生活。等到逐渐长大，文化就变成了我们脑海中和生活中自然而然的秩序以及理解这个世界的意义框架。可不要小看这个秩序和框架，它们绝非空谈之物，从一日三餐到城市和国家的运转，它们的作用都是具体、直观的。我们会通过自己的文化来看待这个世界，组织自己的生活，并试图为各种事项，尤其是自己所做的事情，寻找意义，这意义，很大程度上是每个人携带的那套文化所赋予的。

文化也划定了活动空间，在特定文化的空间内部，人们仍旧可以自由自在地发展。空间意味着边界，在不同时期，文化的约束力量是不同的，这种约束力，"反常者"会感受得最为明显。比如，在不少文化里，如果一个男孩天天抱着洋娃娃玩，怎么劝都不愿意放手，很多人就会觉得他的行为很反常。对于这样的反常者，文化如果足够包容，他/她就可以按自己的轨迹成长与行事，如果包容性不够，限制力量很大，就会被强行纠正过来。在本尼迪克特看来，文化的这种限制力，会使得同一文化内部的人越来越趋同，甚至形成某种共同的"性格"，她称之为"国民性"（national character），而《菊与刀》，正是她对日本国民性的深度解剖。有段时间，国民性这个词在中国广泛流传，鲁迅也曾深度批判中国国民性，但逐渐地，人们意识到这个说法过于模糊，这个概念便没有那么流行了。现代社会，文化的包容性强于传统社会，弹性空间更大，这意味着个体可以选择的道路更多，文化内部呈现出更多样的色彩。

⊙ 扭转等级之说

人们对待自己的文化往往是认同与热爱的，但对于其他文化，又是怎样的一种态度？

可不要觉得这个问题很简单，一句"尊重并理解"，可以说是来之不易，即便是今天，也不是人人都能做到。在全球各地交流的大门刚刚打开的历史时期，人们在接触其他文化中的人时，基本都是抗拒和排斥的，文化差异越大，越是如此。清代，有不少洋人来到中国做生意或传教，当时的老百姓很难接受他们，觉得他们毛发长，皮肤白，语言不通，生活方式也奇奇怪怪，甚至怀疑他们是专门吸小孩血的妖魔鬼怪。这些对于当时的人来说都是正常的反应。

西方人也是如此。最早，通过航海大发现遇到很多和自己不一样的人时，他们甚至怀疑那些人是猴子，而不是和他们一样的人类。《物种起源》的作者达尔文，在随探险队于1832年12月到达火地岛的时候，就在日记里用"发育不良""丑陋""肮脏""油腻""暴力"这些词汇形容当地人，认为这些人只会叽叽喳喳地咕哝，没有语言，也没有道德感和文明。[4] 这种文化优越感和等级论，曾经在很长一段时间内统治了西方社会。

扭转这种态度的，正是人类学家，尤其值得一提的一位是马林诺夫斯基（Bronisław Kaspar Malinowski）。马林诺夫斯基，1884年出生在波兰，从小学习拉丁语和文学，身体一直很虚弱，后来母亲带着他去往非洲、地中海沿岸、大西洋上一些风光很好的海岛旅行。正是在这些旅行中，他第一次接触了和西方人不一样的"原始人"。所谓的"原始人"，在很长一段时间内，都是相对于"文明人"而言的称谓，后者主要指欧洲人，带有强烈自我中心主义的欧洲人构想了进化的链条，将他们在殖民扩张中遇到的人群称为"原始人"，并认为这些人是尚未进化完全的，比已经达到文明阶段的欧洲人更低级（这一称谓现已不再使用，取而代之的是"当地人""土著人"等词，本书基于过去人类

第一章　文化

学家进行田野调查、撰写民族志时的场景与语境，仍使用了"原始人"一说）。没想到，之后，命运跟马林诺夫斯基开了个巨大的玩笑。1914年，读完博士的他前往澳大利亚参加一个学术会议，但就在此期间，一战爆发了。由于波兰被德意志、俄罗斯和奥匈帝国瓜分，他莫名其妙地成了奥匈帝国的公民，而澳大利亚当时属于站在奥匈帝国敌对面的英国。这么一来，他的立场就很尴尬了。为了不被遣返，他不得不躲到新几内亚群岛上，开始研究当地岛民。一战持续了四年，马林诺夫斯基也在那儿待了四年，其间，他每天和原始人同吃同住。他惊讶地发现，这些人并没有如西方人此前描述的那样野蛮，而是同样有文化，有社会组织，甚至，他们的文化不见得就比西方人的低级。[5]

这样的观点，在当时高傲的西方人看来无疑是重磅炸弹，也很难被接受。但马林诺夫斯基非常坚定，并提出了著名的功能论——只要是存在着的文化习俗，都能发挥某些功能。[6]他发现很多原始社会，都有一种"产翁"的风俗。男人在妻子分娩前后，会模拟和生孩子有关的场景：丈夫会换上妻子的衣服，躺在妻子身旁的躺椅上，翻来覆去，表演得和妻子生育时一样痛苦；在有些地方，丈夫会扮成产妇，卧床抱子，代替妻子"坐月子"，而真正的产妇呢，这时候身体已经恢复，外出干活了。

对于这种风俗，有人给出的解释是，男人试图用这种做法显示，他才是生育孩子的人，所以，这种风俗应该出现于从母系氏族向父系氏族过渡的时期。还有人说，在妻子分娩期间，丈夫感到失落，没人注意他，所以只好用这种方式"刷存在感"。但马林诺夫斯基对这些解释都不满意。他认为，这其实是原始人用一种巧妙的方式，满足了现代社会都无法很好处理的需求。在我们所生活的社会，大多生过孩子的女人，都会对丈夫有所怨念。且不说生产的痛苦，他们无法感同身受，孩子出生后，他们也往往是一脸蒙地看着那个"蠕动"的小家伙，无法真正体会自己跟他/她的关系。当女人一次次半夜挣扎着爬起来喂奶的时候，丈夫几乎都在呼呼大睡，夫妻之间很容易为此产生摩擦。

而在马林诺夫斯基看来，产翁的习俗，是通过仪式性地表演生育过程，让父亲在心理上体会母亲的感受。母亲与孩子之间的联结是显而易见的，这是基于人的生物性；父亲与孩子的呢，比起来就弱多了。但从社会角度来看，父亲又需要这样的联结，并参与养育孩子，他认为产翁风俗，其用意是让父亲身体力行地参与到生孩子的过程之中，明白自己的角色转换，进而能够更好地承担父亲的职责。这种原始人的文化虽然看起来奇怪，但实际上发挥了重要的功能。

除了产翁，马林诺夫斯基还提到了很多原始社会都流行的"万物有灵"，即对河、树等自然万物的崇拜与祭祀，这在很长一段时间里被认为是迷信（详见第四章）。但马林诺夫斯基发现，万物有灵论可以抚慰人类的心灵，这种信念，可以让原始人在艰苦的条件下仍旧勇往直前，这是它的作用。原始人的科学没有如今社会的那么发达，但他们也发明了各种各样的方式，帮助自己更好地面对生活。由此，马林诺夫斯基给出了关于文化的经典定义：

> 文化是包括一套工具及一套风俗——人体的或心灵的习惯，它们都是直接地或间接地满足人类的需要。一切文化要素，若是我们的看法是对的，一定都是在活动着，发生作用，而且是有效的。[7]

任何现存的文化，都有它存在的道理，并能满足人类的某种需要。这里所言的需要，可以是生理上的，也可以是心理上的，或者是社会性的。面对那些看似奇异的、野蛮的文化风俗，我们不应随意评判，而是可以试着深入到文化内部去理解。这便为文化之间的相互沟通奠定了基调。

⊙ 大胆热爱，小心实践

马林诺夫斯基让人们意识到，文化之间需要的是相互理解，而不是高高在上的漠视或排斥。之后，另一位人类学家，博厄斯（Franz Boas），进一步把这种态度推进为了一种原则。

1858年，博厄斯出生于德国一个富有的犹太商人家庭，从小在自由的氛围中接受良好的教育，大学时学习数学和物理学，并在1881年获得了物理学博士学位。但博厄斯偏偏对物理学不感兴趣，反而爱上了偶然选修的地理学。1883年，博厄斯前往属于加拿大的巴芬岛进行实地考察，探讨自然环境对当地因纽特人迁徙的影响。巴芬岛是世界第五大岛，大部分位于北极圈内，被冰雪覆盖，冬季严寒漫长，被称为"人类文明的禁区"。博厄斯在那里待了差不多一年，其间还曾在极夜时期与同伴在大雪中迷路，绝处逢生。

巴芬岛的经历给博厄斯带来了不一般的影响。他写道：

> 你只需以这种方式与爱斯基摩人相处几周，就会认识到他们不仅仅是"原始人"。要更深入了解他们的特征和传统，要了解许多特殊的风俗习惯，就需要长时间的不懈努力，并对人的生活方式的每一种表达方式给予最仔细的观察，即使看起来似乎并不重要，也要格外注意。[8]

如果说，刚来到巴芬岛的时候，博厄斯还带有西方人的傲慢，那么一年多的田野经历让他彻底改变了自己的观点。他发现，过去自己积累的文明社会的所有知识，在巴芬岛这个极端环境里，完全用不上。巴芬岛独有的环境令因纽特人形成了在西方人看来落后但非常适用于当地生态环境的生活方式。他虽然是一位物理学博士，但不会凿开冰窟窿捕鱼，也没法在冰天雪地中找到出路；他必须依靠当地因纽特人的帮助，必须学习当地的知识才能生存。博厄斯主张，世界上的每一种文化，其实是围绕特定的地理、生态、气候等条件产生的，文化不是绝对的，而是相对的，每一种文化都有它的独创性，一切文化的价值都是平等的。马林诺夫斯基从功能论的角度，论证了看似奇异的文化，有其存在的合理性，博厄斯则将这种合理性，进一步落实为了文化相对主义（cultural relativism）的价值理念。

这听起来很容易，但其实并没有那么容易做到。当时，德国人对犹太人有根深蒂固的偏见，不愿意用平等的姿态跟他们交流；美国人对黑人，同样如此。这就是种族主义。博厄斯的文化相对主义，正是在反对种族主义和文化等级论的基础上提出来的。身为犹太人的博厄斯，为了躲避迫害，一辈子都飘荡在异国的土地，甚至，当他的文化相对主义影响越来越大之后，德国的纳粹分子还在他家乡的母校，烧掉了他的书稿。但这并不能阻止人们最终接受了文化相对主义，它也成为目前世界各文化、各国家和地区的人相互交往的基础。

文化相对主义是一种视角。我们理解外部文化的过程是一次次远航，这样的视角好比一艘大船的总舵，只有舵掌稳了，方向定对了，才有探索大海的可能。我国著名的社会学家费孝通曾说过，世界上不同文化之间的理想状态，应是"各美其美，美人之美，美美与共，天下大同"。这句话，不仅成为人类学家共同深信的价值理念，也成为和平人士关于国际秩序的终极理想。费孝通是马林诺夫斯基的嫡传学生，他的这种理念也与他受过的人类学教育息息相关。

需要说明的是，文化相对主义也有它的底线，并不是说所有的现象，我们都不能去批评和评判，如一些原始部落的杀婴风俗，非洲一些地方强制规定的女性割礼等。对于这种非自愿的人身伤害，我们当然要本着人道主义去谴责，甚至还可以动用联合国的力量直接干预。

但很多文化现象，其实介于"不能评判"和"应该干预"两者之间。这时候，应该持有什么样的态度，就仁者见仁，智者见智了。著名藏族导演万玛才旦曾经拍过一部叫《气球》的电影，讨论了一则很深刻的案例。电影中，一个藏族家庭已经养育了三个小孩，在计划生育的年代，再生就意味着巨额罚款，而且他们的经济条件也是捉襟见肘。这时候，家中生变，丈夫达杰的父亲，也就是三个孩子的爷爷忽然去世。按照藏族人的传统观念和习俗，达杰请了喇嘛来算爷爷的转世，而喇嘛算出来的结果是，爷爷会很快转世投胎到家里。

极具戏剧性的一幕发生了——在这个关键的时间点上,妻子卓嘎怀孕了。于是,达杰深信卓嘎肚里的孩子是他父亲转世而来的,对于卓嘎想要打胎的行为,他先是反对,再是哀求。卓嘎本来已经躺在了病床上准备接受打胎,但达杰破门而入,面对丈夫的目光,她最终还是心软,留下了孩子。

在看这部电影的时候,我的心里始终五味杂陈。作为藏族文化的研究者,我深知转世的信仰对于藏族人来说意味着什么,也知道这种信仰与高原艰难的生存环境密切相关。但作为一名女性,我又对卓嘎的遭遇深深同情。我们当然可以说,电影中呈现的冲突,是经戏剧化放大的,但在现实中,我们确实会常常面临关于文化的两难困境。有一次,我去云南的迪庆藏族自治州做田野调查,到当地人家里做客,他们请我吃当地的传统食物,糌粑。当时,请我吃糌粑的藏族爷爷,用他黑乎乎的手,在同样黑乎乎的毛巾上擦了一把,倒了一些青稞粉在碗里,冲点酥油茶,用手揉巴揉巴,揉成团后,笑呵呵地递给了我。

如果你是我,会吃下这个糌粑吗?糌粑虽小,可文化的困境就是会在不经意间强势地出现,并让你纠结、思考、为难、抉择,有时,甚至不存在一个真正"好"的选择。

因此,对于文化相对主义,我想,可以大胆热爱,小心实践,避免极端。对于不同于自己的文化,有些人特别容易抱有两种极端的态度:把它想得特别美好,或特别野蛮。

就像说起西藏，很多背包客会把它想象成纯净无瑕的"香格里拉"，一些崇尚现代文明的人则会觉得那里是落后的代名词，这两种态度显然都是有问题的。人们很容易戴着有色眼镜去想象别的文化，真正把一种文化放到整体环境和历史中去理解，并认识到每种文化都有它的优劣与限度，这确实并不容易做到，不过，虽不能至，心向往之，这是身处现代社会之人应有的包容和理性。

⊙ 社会性，亦是天性

特定的社会规范，特定的文化习俗，按社会要求行事……有时候，我们也会觉得这些要求很繁杂、琐碎，很麻烦，想要"一个人静静"。人有没有可能独自生活，不要"社会"这种东西？我想是很难的。

虽然曾有人类学家"吐槽"，人类学曾试图用生育习俗解释一切，但不妨让我们继续回到生育的话题，因为人类学家根据最近的研究进一步发现，实际上，每个人在刚出生的时候，就已经注定是个"社会人"了——其中的关键，在于我们觉得最自然的事情，直立行走。[9]

各位都熟悉的动画片《大头儿子小头爸爸》里，主角是大头儿子，这是一个很有趣味的美术设定，它反映了人类的一个特征：大多数动物胎儿的头部都比母体的产道窄，这样，生产时通常不会有太大困难；而人类胎儿的头部却大得多，这就意味着，人类在分娩的时候需要经历千辛万苦。生过孩子的女性都知道，生产中最难的一关，就是让婴儿的头通过产道。这等令人痛苦、充满风险的生理构造，是天然与偶然的吗？

根据研究，生活在500万至400万年前的早期人类，脑容量并没有现在那么大，差不多跟黑猩猩一样，到了10万年前，脑容量从最早的450毫升增到了1400毫升。通俗来说，脑容量大了，意味着人类更聪明了，但问题是，人类的体格并没有发生明显变化。这一演化结果让人类陷入了两难的处境：如果要顺利产下"大头宝宝"，人类的骨盆应该随之变宽；但若想平稳地直立步行，相应地，骨盆又要窄小为好，这样双腿才能快速前后移动。顺利分娩还是直立行走？显然，人类没有解决这一矛盾，于是，人类母亲必须忍耐前所未有的痛苦，让大头婴儿从狭窄的产道里生出来。

如果观察猴子的生产，我们会发现，母猴会采取蹲坐的姿势，借助地心引力来生孩子。猴宝宝的头从产道里露出来之后，蹲坐的母猴会伸手把宝宝拉出来，然后将其直接抱在怀中。人类，由于演化选择的结果，可没有这个本事，待产的孕妇得躺着，靠自己用力和宫缩带来的产道挤压，把宝宝挤出产道。她也没有力气和本事自己把孩子拉出来，而是必须有其他人在场协助。过去，陪同产妇分娩的往往是她的母亲、姐妹以及其他有生产经验的年长女性，现代医疗体系建立之后，孕妇会去医疗机构生产——人类，从诞生那一刻开始，就需要接受他人的协助，这就意味着，从那一刻起，人就生活在社会中。

人类之间的相互关联、相互帮助，从出生那一刻起，就贯穿一生。所谓社会性，同样是人类天性的一部分，也是人们值得骄傲、值得珍惜的特征。在社会里，人们形成大规模的相互分工，完成动物无法完成的事情；但社会也会带来限制和束缚，无形的文化之下往往是种种规范与要求，这常常让人感到不那么自由。平衡自由和规范，是每一种文化、每一个社会都会面临的难题。传统社会往往是铁板一块，规范更严格，个体自由更少，文化同质性更高。随着社会的进步，个体的可选项越来越多，即便在同一个社会的内部，也会呈现出文化的多样性，甚至还会遭遇近在身边的文化震撼，如今的种种亚文化小群体便是如此。但每个社会，仍旧会为个体自由设立一个边界，而不是任由人的本性，完全"自然地"发展。在这个意义上，所谓"天赋自由的人"，只是哲学家美好的想象。[10] 当文化迫力过大的时候，我们会感到压抑，也会想要逃离它，但这种逃离终究是短暂的（详见第八章），最终，我们还是会以某种方式回归人群。这是人类逃不掉的宿命。

第二章

婚姻

每年我给本科生上课的时候，都会让学生们表达自己的结婚和生育意愿。十几年统计下来，认为自己一辈子不会结婚、不会生孩子的年轻人一直在增多，甚至快达到一半的比例。虽然这只是个不严谨的统计，但结果仍旧让我感到惊异。记得我上大学的时候，女生在宿舍会夜聊喜欢哪个男生，以后想要什么样的生活等，大家似乎都默认，我们是会结婚的。为什么现在的花季少男少女，没有了结婚的意愿？

人类是自然的动物，但又摆脱不了文化的限定。在所有由文化限定的生活方式中，对我们影响最大的，大概婚姻算得上一种。正在读这本书的你，或是已经踏入了婚姻的殿堂，感受到了其中的酸甜苦辣；或是正在纠结、寻找婚姻的对象；或是打定主意做不婚主义者。婚姻于人的重要性在于，无论是哪种形态，我们都无法逃避与它有关的选择。

婚姻究竟是什么？人为什么要结婚？根据恩格斯在《家庭、私有制和国家的起源》中的考证，在蒙昧时代，人类除了狩猎和逃命，还在部落内部盛行毫无节制的性关系——每个女子属于每个男子，反之亦然。这就是群婚制，孩子们只知道母亲，对父亲却一无所知。这样的婚姻形态持续了很长一段时间。随着氏族组织逐渐形成，对偶婚开始盛行，即一男一女在或长或短的时间内保持相对稳定的婚姻形式，它既不像群婚那么无序，又还没有完全固定性伴侣。再后来，我们熟悉的一夫一妻制出现了。它建立在丈夫的统治之上，是父权制的产物，主要目的是生育出"一定"来自某位父亲的子女，而这种父亲的确定性之所以必要，是因为子女将来会以亲生继承人的资格继承父亲的财产。与群婚和对偶婚相比，这个时候的婚姻关系要稳定得多，不能随意解除，可以说在这个阶段，婚姻成了严肃的事情。在恩格斯看来，一夫一妻制是文明开始的标志之一。[11]

婚姻的出现，被认为是人类文明的进步，尤其是一夫一妻制，更是现代社会的典范婚姻。然而，近来一段时间，不想结婚的人似乎越来越多了。从20世纪八九十年代开始，日本就掀起了一波不婚不育的浪潮。根据日本国立社会保障与人口问题研究所统计，50岁为止还没结过一次婚的未婚率：1980年时，男性为2.6%，女性为4.45%；到了2020年，男性上升到28.25%，女性为17.81%。[12] 根据2023年发布的《中国婚姻家庭报告》，中国人的结婚率从 2000 年的 6.7‰ 上升到 2013 年的 9.9‰，随后逐年下降，2022 年，结婚率下降到 4.8‰；离婚率则从 2000 年的 0.96‰ 上升到 2020 年的 3.1‰，到了 2021 年，由于开始实施离婚冷静期，下降到 2.0‰。[13]

回到那些年轻学生的意愿。当我继续询问不愿婚育的原因时，大致有以下几种说法：现代社会仍旧是男权社会，婚姻是对女性的压迫；对亲密关系的普遍恐惧，不想跟人有太亲近的关系；结了婚就不自由了，而他们想要自由的生活。这些原因，也是我们即将谈论婚姻问题时的落脚点。

⊙ 米德与性别气质

婚姻是不是对女性的压迫？在持续时间很长的封建时代和传统社会，这个问题的答案是肯定的，在父权－男权的统治下，女性普遍没有地位，在婚姻上也没有选择的自由。"未嫁从父，出嫁从夫，夫死从子"，是对当时女性地位的真实概括。

针对低下的女性地位，社会还发明了一套"自然化"的说辞——所谓男权，非常核心的一点是，在男性占统治地位的文化中，把"男人强壮、女人柔弱""男主外、女主内"等观念强加给所有人，尤其是女性，让她们认为自己那被统治的地位是出于生理特征，是自然的——慢慢地，在各种因素的综合影响下，很多女性将这套观念内化，认为自己出生时便低人一等。

男权社会在很长一段时间里都占据着历史的绝对主导地位，"男强女弱"的观念也很少得到反驳。20世纪，有一位女人类学家，用跨文化的材料证明，这套基于生理特征的男权观念，是根本站不住脚的。这位人类学家，就是玛格丽特·米德（Margaret Mead）。

米德出生于世纪之交的1901年。那时候的美国社会，观念上还很保守，但米德的母亲是一位社会学博士，祖母是一位教师。成长在这样的家庭，米德接受了很多先进的教育，也不想再被禁锢在家中。1922年，米德开始在当时著名的美国人类学家博厄斯手下接受人类学训练。1929年，她来到巴布亚新几内亚的小岛上，在这里，她发现不同部落中，存在着截然不同的性别气质（gender temperament）。

第一个部落叫阿拉佩什（Arapesh）。在那里，男人和女人都有着满腔的母性之爱。他们共同养育孩子，厌恶战争，性格温和。第二个部落叫蒙杜古马（Mundugumor），它和阿拉佩什刚好形成反差，男人和女人成天争斗，爱好攻击，对弱者没有丝毫的同情之心。

从母亲对婴儿的抚育中，更能看出两个部落之间的差异。在阿拉佩什，母亲是温和的，充满爱意的。当孩子想要吃奶时，母亲总是轻柔地满足他/她。如果孩子不满足于简单的吮吸，母亲还会在孩子嘴里轻轻晃动乳头，吹孩子的耳朵等。但在蒙杜古马，吃奶的唯一目的是让孩子不再哭闹。母亲不会做更多的事情，只会催促孩子赶紧完成。而孩子吃奶就像搏斗般狼吞虎咽，尽可能快而有力地吮吸乳汁，如果不小心呛到，只会引发母亲的恼怒。这样，从孩童时代开始，两个部落的人的性别气质就向着完全不同的方向发展，并在成年时代定型。

最有趣的要属第三个部落，德昌布利（Tchambuli）。那里，男女的性别气质完全是更通行情况的颠倒版本。女人负责整理渔网、编织、捕鱼、做饭，几乎包办了家庭内外的一切事务。而男人成天游手好闲，无聊争吵，并想着如何取悦女人。取悦女人的方式是跳舞，他们会戴上特定的面具，展现娴熟的舞技，跳出令人赞叹的舞步，而这一切，都是为了让女人开心。另外，男人所住的房屋顶上，会有一尊女人的木雕像。雕像上女性的阴户被无限夸大，并被涂成鲜红色。平时，雕像是用帘子遮着的，主要是不想让外人看到，但男人毕竟每天会在这个屋檐下走来走去。在米德看来，这样的房屋构造，也是为了不断提醒男人，要在女人的眼色之下行事。

回到美国之后，米德根据对这三个部落的调查，写下了著名的《三个原始部落的性别与气质》。[14] 她通过鲜活的田野材料证明，所有关于女性性格上有各种"弱点"，"只能"

做某些职业,"最好"待在家里的言论,都是男权社会的产物,是制度的压迫。

一个人的成长过程,是在文化模式中塑造自身的过程,关于性别,同样如此。每个社会都有关于性别气质的规定,它是一种对性别特征的理解与表达。这种表达,直观地体现在言行举止上,也包括对内在性格、情绪、特长等方面的假定。社会会按照这样的规定期待、要求、评价男男女女,人们便在符合这些标准的道路上行事,包括教育,逐渐,孩子们就成为其身处社会的主流文化所希望的男生、女生。比如,在当时的美国社会,很多人从小会被父母告诫,女生应该穿裙子,应该喜欢洋娃娃而不是汽车,男生应该穿裤子,应该喜欢运动而不是做饭等。这些细节其实都在无形中传递性别气质的"标准"观念。

但如果一个孩子出生在其他社会,就不一定会这样成长:出生在阿拉佩什的男孩,从小就会被教育要温柔,要学会照顾小孩;出生在蒙杜古马的女孩,可能天天舞刀弄枪;如果出生在德昌布利,那么男女的等级、角色更是和男权社会的完全相反。在这些情境中,性别和某种气质、特征,不再是我们"常识"中的那些强加的、严格对应的关系,若是初次接触,你可能会有所排斥,但事实上,这的确是可能的,内心的不适只是因为习惯了自己文化中的性别角色。

米德的这些调查与观点,对当时男权占主导的美国来说，无异于扔下一枚炸弹。20世纪30年代，美国女性刚获得选举权不久，仍在积极为自己争取权益，而要获得平等和自由，首先要推翻这套关于"男强女弱"的性别气质假定。此后近百年的女权运动，正是朝着这个方向不断推进。

米德在她的一生中，也深刻实践了自己的信念。她经历了三段婚姻，但始终坚持不随夫姓，不做 Mrs。更让人惊叹的是，她前后还有过两位同性伴侣。一位是本尼迪克特，大她14岁的师姐；另一位是陪她度过晚年的研究助理。这位助理和米德共同居住23年，这时间，甚至超过了她与三位丈夫同居时间的总和。在回忆录中，米德的女儿曾这样写道："她终生不断确认爱的诸多形式及其可能——包括和男人及女人。"据说，米德小时候，她父亲曾对她说："可惜你不是男孩，不然可以有更好的发展。"而她这样回应："总有一天我会成名，而且是以自己的名字为人所知。"米德做到了这一点。1978年，在米德去世之后，她获得了总统自由勋章，这是由美国总统颁发的最高平民荣誉。

⊙ 滞后的性别观念

世界上绝大多数的社会都经历过男权主导的时代。20世纪以来，为女性争取权益的社会运动，改变了传统社会的图景。今天，仅从制度上而言，男女平等基本成为绝大多数国家的社会现实，女性的选举权、受教育权、工作权，包括结婚离婚权，已经得到了法律上的一定保障。

然而，即使制度已经在发生变化，人们的观念仍旧没那么容易随之改变，这是观念的滞后性，与之相对的，则是坚固地留存下去的刻板印象（stereotype）。刻板印象这个词我们都很熟悉，它是人们对社会环境中某一类人或事物的固定、概括、笼统的看法，并往往伴随着对该人、事、物的价值判断和情感好恶。如今，社会上对于性别、女性的各类看法，还是带有不同程度的刻板印象，比如，女司机。

不管你开不开车，估计都听过很多关于女司机的段子。曾经在一个朋友家，因为他说女性视野窄，我和他产生了激烈的争执，最后谁也说服不了谁。在如今的新媒体平台上，更是有层出不穷的调侃、嘲讽女司机的"故事"。那些眼花缭乱的短视频或许是摆拍而不是真实的，但它们渲染的效果，却很容易让人去传播其中的信息。无论是新媒体的传播还是人们茶余饭后的笑话与调侃，在社会观念滞后的阶段，反而又在不知不觉中加深着人们对女性形象的刻板认知。甚至，"女司机段子"的流行可能让很多女性自己都相信，自己开车会比男性差一等。

不仅是开车这类技能性操作，类似的"女性在某方面不行"的说法还有很多。在学校里，很多人会说，女生不适合学理科，因为缺少逻辑思维能力；在职场上，又会有人说，女人不适合当领导，因为遇事不够冷静。我在高中阶段面临文理分科的时候，老师和家长仍旧会说，女孩子就不要学理科了，去学文科吧，那才是女孩的领域；再大一点，又被说女孩子就去嫁人吧，赚钱的事，就交给男人。这些否定性的外部评价可以发生在女性（我）生命中的每一个阶段。连在已经发生过几波女权运动的西方社会，接受过高等教育的公众人物也还会这么想：2005年，当时的哈佛大学校长在公开场合宣称，女性在科学领域里建树甚少，是因为男女的先天性差异。

这样的想法，从科学上来说，显然是不对的。现在已经有各种科学研究证明，女性在科研方面的能力并不亚于男性，那位发表性别歧视言论的哈佛大学校长，也很快发表了道歉声明；也有研究证明，女性比男性更适合开车，因为女性在驾驶过程中具有更高的安全意识和独立处理问题的能力。然而，即使所有关于"女性不行"的论述都已被科学证伪，社会舆论仍旧会给女性带来无形的压力。

这种刻板印象，甚至会导致一些错误的归因。就像开篇说到的结婚率低、离婚率高，是一个社会性的热议话题，其背后有复杂的原因，而有人却会按照对女性惯有的歧视，把原因归结为女性地位的上升，甚至认为女性如果没有现在的这些权利，便会安于家庭和男性的安排。前几年，在热极一时的"女德班"上，教员公然宣称"男为大，女为小""婚姻四项基本原则为打不还手、骂不还口、逆来顺受、绝不离婚"等。而父母,还以为把孩子送去那里是接受"传统文化教育"。所幸,这样的培训很快被官方叫停。"女德班",是男权社会观念的典型遗留,当社会出现问题的时候,人们习惯性地将女性当作了替罪羊(女性与替罪羊,亦见第九章)。

所以,虽然男女平等在今天有了制度上的保障,但在实际社会生活中,对女性的区别对待甚至歧视还是很容易抬头,只有对此保持足够的警惕,社会才能不断走向进步。女性追求自由、解放、平等、独立,已经成为现代社会无法逆转的趋势。观念的转变需要一个长期的过程,我们期待在未来的社会,性别平等、人人平等会越来越落实到实践之中。

⊙ 婚姻-家庭联盟

在性别平等的时代,传统社会的包办婚姻甚至买卖女性不再现实,随着性别意识的变迁以及女性的解放,按理来说,人们对于自由和爱情的渴望会变得越来越公开与强烈,然而,这种对于爱情的渴望与自由追求并没有带来结婚率的提升。这又是为什么?婚姻的本质到底是什么?

人类学中有一条值得解读的关于婚姻的经典定义:婚

姻是一种文化许可的联盟,在两个或更多人之间建立起相互的、与其子女的及与其姻亲的、明确的权利和义务。这些权利和义务最常包括但不限于性、劳动、财产、子女养育、交换和地位。[15]

婚姻,首先是一种在自然基础上建立的文化规定。这里的自然,指的是交配的欲望。但即使是在动物世界,交配也不是随意发生在任意雌性和雄性间的,而是会有一些规矩。例如,在一个特定的狮群里,雄狮会通过武力角逐出狮王,之后这个狮群里的雌狮就只能与狮王交配;天鹅实行的则是"一夫一妻制",两只天鹅为了顺利孵化后代会相互合作,雄天鹅出去寻找食物,雌天鹅安心待在巢穴孵化,这种模式和我们传统上说的"男主外,女主内"还有点接近。既然动物界对于交配都有限制,人类社会更是如此。没有结婚之前,人类的交配在很大程度上是自由的,人类学家调查发现,在一些地方的部落里还设有"公房",成年之后的男女晚上都可以前往,享受快乐。但一旦结婚,这种自由便要受到婚姻的约束了。在任何一种文化中,对性关系的控制都是婚姻的主要特征之一,这种控制会受到社会的、法律的、道德的力量支持。

进一步来说,婚姻是一种联盟,它会明确规定在两个或更多人之间的权利和义务。这里说"更多人",是因为某些文化中存在着一夫多妻和一妻多夫制度。一夫多妻,我们并不陌生，一妻多夫，听起来虽然有点陌生，但它也是真实存在的社会制度，在斯里兰卡、印度以及中国的康藏地区曾经长期存在。

一妻多夫值得我们多聊聊，它也有自己的规则，并不是什么人都可以成为"共夫"，这里的"夫"，大多是亲兄弟。在多数情况下，举行婚礼的时候是长兄作为代表娶妻，弟弟们逐渐长大后，与妻子发生性关系，他们便从名誉上的丈夫变成事实上的丈夫，与长兄、妻子组成共夫家庭。在这样的家庭中，妻子大多独居一室，丈夫需到妻子卧室和她同居。当一个丈夫进去时，会在门口挂上一件物品，这样其他的丈夫便不会进去了。特别需要说明的是，在一妻多夫家庭出生的孩子，多以长兄为父，即使明确知道孩子在血缘上属于弟弟，长兄仍然是社会意义上的父亲。

这样的一种制度，初看起来会觉得非常奇怪，但自有它存在的道理。存在这种制度的地方，大多自然环境比较恶劣，生产条件比较落后。在这种生存与温饱是第一要事的地方，如果一家人有好几个兄弟，各自娶妻就意味着需要分家，分家之后的家庭往往会陷入贫困。过去，藏族有一句谚语，"一家分开，乞丐一堆"，正是对这种现象的形象表达，而兄弟共妻，便可以避免此种困境。这种条件下，无论是从生计空间占有还是从经济收入来看，一妻多夫家庭都远胜于一妻一夫家庭。[16]不同的丈夫可以干不同的活，比如一位在家务农，一位在外打工，家庭就会同时有两份收入。

中华人民共和国成立后，实行民族区域自治的西藏自治区以及其他涉藏地区，在婚姻问题上采取了变通条例，规定在此之前形成的一妻多夫和一夫多妻婚姻关系，凡不主动提出解除婚姻关系者，法律准予维持。之后，一夫多妻的婚姻形态几近消失，而一妻多夫以风俗习惯的形态，还存在了很长一段时间。2008年，导演书云拍摄的《西藏一年》纪录片，便展现了一个三兄弟共妻的家庭故事。

十余年前，我在藏族地区调研的时候，也有好几位朋友处在这样的婚姻状态之中。有位朋友身为家里的大哥，长年在外打工，每次回家，弟弟就会自然地避开，把老婆"让"给他。按照规则，他是家里所有孩子的"父亲"，他会照顾这些孩子，给他们买衣服，供他们上学。一次酒后，他对我说，他对这种状态很满足，因为既有人照顾家里，他又可以在外闯荡。另一位朋友则打趣说道，一般在一妻多夫的家庭里，妻子的地位都很高，这应该"符合女人的期待"。

事实上，从一妻多夫的制度里，我们反而可以更清楚地看到婚姻的本质，即形成一个新的家庭联盟。这个新的家庭既是一个劳动单位，又是一个养育子女的单位，它作为组成更大社会的原子，会把相关的责任和义务分配给内部的每一个人。就此来说，婚姻是个体应尽的社会义务。对于人类整个种群而言，生育和繁衍是种群延续所必需的，具体到每个社会、每种文化，生产和再生产也是社会延续最为重要的两大任务。正如前文所言，在原始社会的群婚制时期，最大的问题便在于没有办法确定孩子的父亲，随着现代社会的发展，养育孩子的责任越来越重，更不可能把这样的义务只压在母亲一人头上。今天普遍实行的一夫一妻制以及核心家庭形态，正是在适应现代社会需求的过程中诞生的。进而，所谓联盟，它还意味着两个家庭基于婚姻的联合，人们常说，结婚不是两个人的事，而是两个家庭的事，便是这个意思。

仅在这个意义上而言，合适的婚配对象，是中国老一辈人常说的"门当户对"。两个背景大致相同、经济条件接近的家庭之间的联合，往往是稳定的；成长背景完全不同、经济差异也很大的男女之间若要组成新的家庭，则可能有更多的不确定因素。

⊙ 现代婚姻能否兼容爱情神话？

可能读者会问，婚姻的基础，难道不应该是爱情吗？在我看来，二者的关系并非如此，这种说法的根源，是自由主义基础上的爱情神话。

先来看看对现代性有着深刻洞察的社会学家吉登斯（Anthony Giddens），是如何阐述爱情和婚姻的关系的。在

《亲密关系的变迁》(*The Transformation of Intimacy*)中，他这么写道：

> 激情之爱（passionate love）具有一种只存在于宗教迷狂中的魔性。世间万物突然变得新鲜起来，然而，同时，它又让个体的自身利益消失，因为从此以后，这利益会与爱恋对象紧紧绑定在一起。在个人关系层面上，激情之爱就像卡里斯玛（charisma）那样尤其具有破坏性；它将个体从生活世界连根拔起，让个体时刻准备考虑极端的抉择和激进的牺牲。正是出于这样的原因，从社会秩序和社会义务的角度看，激情之爱是危险的。几乎毫不奇怪，无论在什么地方，激情之爱都不曾被视为婚姻的充分必要条件；相反，在大多数文化中，它都被视为对婚姻的损害。[17]

在吉登斯看来，所谓爱情，是一种近乎迷狂的状态。它是自由的个体在面对另一个体时产生的难以用理性解释的激情，这种激情是超脱于平淡日常生活的，让人迷恋的。但他认为，如果用这种激情作为长期婚姻的基础，显然是有问题的；相反，婚姻的目标之一，应该是限制这种激情。

恩格斯也有着与吉登斯类似的论述。在他看来，现代社会这种以平等和自由为基础的婚姻，在古代社会是难以想象的。这样的婚姻建立在现代人权解放的基础上，即认为每个人都可以自由地支配自己的人身、行动和财产，并且，男性和女性之间是平等的。现代婚姻，可被视为自由个体之间缔结的契约，即个体婚姻，而这种婚姻的基础，被认为是性爱。恩格斯指出，这种由激情而来的性爱，或者说热恋，在中世纪时期只存在于婚姻之外，而到了现代，"性爱常常达到这样强烈和持久的程度，如果不能结合而彼此分离，对双方来说即使不是一个最大的不幸，也是一个大不幸；为了能彼此结合，双方甘冒很大的危险，直至拿生命孤注一掷，而这种事情在古代充其量只是在通奸的场合才会发生"[18]。

无论是恩格斯还是吉登斯都认为，爱情，归根结底是激情的产物，这也是为什么我们经常会在一些小说中读到殉情的情节。同时，这两位学者又都认为，激情之爱常产生于身份地位差异很大的人之间，而这样的两个人却往往并不适合走向婚姻。灰姑娘与王子一见钟情，冲破阻碍，最终幸福地生活在一起，只是童话里的情节，现实生活中人们总是考虑得更多。现代世界是一个理性的世界，婚姻，作为社会制度的一部分，从本质上来说是理性的，它与激情之爱并不相容。现代性带来的"解放"是纷繁而矛盾的，我们也不得不生活在现代性的后果之中，尽可能地依赖人性中合情合理的一面来面对它们。

不过，有些社会为了平衡长期婚姻与一时激情，还特为婚姻安排了一个制度性的暂停键，让人们可以短暂地感受激情的愉悦。在中国的大理白族地区，存在"绕三灵"的习俗。在绕三灵节庆期间，人们吃喝玩乐，而节日的高潮，在晚上的对歌。对歌的形式是男人起头，女人应和，然后你来我往，互出难题，如果一方一时语拙，不能马上搭腔，另一方就直视对方，满脸得意之色。对歌时，无论男女都很投入，毫无顾忌。

特别值得一说的是，对歌双方如果看上眼了，就可以离开人群，到山林里共度良宵。过了夜的男女，会结成情人关系，当地话叫 japnid。结成 japnid 的时候，要赌咒发誓，至死不渝。注意，这里的情人，可以是婚前的，也可以是婚外的。在当地人看来，情人关系与婚姻并不矛盾。如果两人都是未婚，可以结婚；如果都是已婚，也不会破坏彼此的正常生活。情人关系往往持续一生，但两人只能在每年绕三灵的时候相会，互诉衷肠，讲述一年来的经历。平时即使相遇，也形同陌路。甚至，如果女子在婚姻中不孕，还可以在绕三灵的时候"借种"，并带回自己的家里抚养。人们认为，这种情况下出生的孩子是神赐的，会给孩子的名字中间加上神的名字。

我曾听当地人讲过一个故事。一位老人与他的情人在结婚前就认识了，每年绕三灵的时候都会见面。有一年，老人因为生病没去成，非常难过，病情也时好时坏，去下关和昆明都没有治好。第二年，妻子给老人做了一套新衣服、新鞋，让他去绕了一回（即与情人会面），结果回来的时候，病竟然好了。于是老人的孩子觉得父亲有这么一位情人，也是件好事。这是大理的民间习俗，我们不能妄加评判。这些年，这种风俗也在逐渐消失，但请允许我再次强调，这种情人关系，也有自己的秩序和意义。它为的是更好地巩固婚姻这种社会制度，而不是破坏它。

自由，是个体内心的一种渴望，但作为社会制度的婚姻，又必然会带来对个体自由的限制。这种限制，不仅在婚姻中存在，在任何一种社会制度中都会存在。在某些文化中，可能会存在一些制度性的方式来缓解婚姻日常带来的无聊与琐碎。然而，这是 plus，不能强求。在任何一个社会，婚姻都是为了人类有序繁衍而设置的必需制度。如果有一天，所有人都因为自由而放弃婚姻，那么，社会和人类种群也就没有办法再存续了。

⊙ 现代人的亲密困局

现代人的困境，很多时候在于把婚姻作为义务、责任的同时，又将它和自由、爱情联系在了一起，而在现实情境中，它们的和谐共存并不容易。早在百余年前，恩格斯

便对这种基于爱情的婚姻产生了忧虑。他写道:

> 如果说只有以爱情为基础的婚姻才是合乎道德的,那么也只有继续保持爱情的婚姻才合乎道德……如果感情确实已经消失或者已经被新的热烈的爱情所排挤,那就会使离婚无论对于双方或对于社会都成为幸事。只是要使人们免于陷入离婚诉讼的无益的泥潭才好。[19]

读到这句话的时候,我惊叹于这位思想家的预见能力。基于现有的一般婚姻形态,如果将婚姻的基础仅仅建立在爱情之上,那么按此逻辑,不断结婚、离婚、再结婚,便会成为人一辈子的常态。在世界范围内,我们已经看到了这样的现实。

回到我们身处的社会,看起来也有很多必须得面对的问题。封建时代那种男权统治之下的包办婚姻,当然是应该反对的。但中国人的大家庭观念、父母辈与子女辈的关系,要比西方文化中的重许多、紧密不少,这是我们的语境。经常是不少父母为子女的婚姻着急,子女则想要过自由的生活。以上海人民公园为例,城市公园相亲角已成为这些年来"最有活力"的公共空间之一。在那里参与相亲的,都是焦虑的父母们,而不是想要或不想要结婚的当事人自己。牵线的则是越来越多的中介和"掮客",他们拿着或真或假的信息四处招揽生意。我和学生曾去那里"蹲过点",扮演成要找对象的人,发现相亲角里存在着家乡、收入、身高、职业等隐形或明显的等级序列——比起寻找真爱,更像是在"市场"里用理性工具匹配"需求",完成婚姻这个任务。

扎根于家庭主义与集体主义传统中的父辈,渴望孩子能像他们一样有个稳定的家庭生活,这其实也无可厚非。而已经尝到了自由滋味、追求个人感受、面对新的社会环境的年轻人,又怎会愿意去过"精确匹配"的婚姻生活?近年,尤其在大城市,很多九〇后、〇〇后表现出对亲密关系的淡漠。在"996"的工作之外,人们已经没有时间和精力去谈恋爱,去面对、走近另一个人,但同时也不愿意进入没有感情的婚姻,于是,社会结婚率日益下滑。

当然,这是一个综合性的社会问题,仅回到婚姻来看,事实上,现代社会中的婚姻,理性成分确实在变多,激情成分在减少,这符合了现代社会需求下的制度设置,呼应着计算与理性的社会运作逻辑。然而,正是在这样的背景之下,各种亲密关系才显得珍贵,即使以琐碎、现实的婚姻来说,也很难简单地用有没有感情、激情来评判,无论刚开始结合的原因是什么,十年甚至更久之后,不少夫妻之间的关系也就慢慢变成相互关照的亲情。在冷冰冰的工作之外,这未必不能带给人一份温暖,一盏为你亮起的灯,或许可以是对"内卷"生活的慰藉。

⊙ 未来的婚姻与家庭？

人是社会性的动物，在集群成为社会的过程中，势必会放弃一部分自由，以换取稳定与秩序。在现实生活中，绝对的自由并不存在，正如绝对的平等也不存在一样。虽然每个人都在说，我们应该支持性别平等，但是，究竟什么是性别平等，真的有那么清晰吗？

以产假这个与性别平等、个人发展、社会需求密切相关的制度为例吧，在现代社会，女性生育后都会有产假。但这个产假到底要怎么放，放多少天，每个国家的政策就大不一样了。仅看女性的情况，中国现行产假制度规定，女性休假不少于98天，这期间工资照发；日本的产假制度是女性除14周（产前6周，产后8周）带薪产假外，还可以休至少1年（自产后起）的育儿假，育儿假期间发放一定比例的薪资；而美国的制度是，不强制要求雇主提供带薪产假，一般女性休息的时间是6周。

你觉得哪个产假制度，叫性别平等呢？日本的产假规定，看似可以让女性在家里休息更久，但若真休完1年育儿假，女性大多会与社会脱节，难以回到职场之中，只能被迫成为家庭主妇；而美国的产假规定，看似有利于女性迅速回到职场，但妈妈们会觉得对刚出生的婴儿照顾不够。中国的政策，基本是在美日两类情况之间折中，尽可能兼顾女性重回职场的可能和照顾小孩的需求，尽管在周全与细节上还有待完善，但这个女性产假的政策基本还是让人满意的，这也是基于我们当下的社会环境，对性别平等的制度性实践。

未来，随着生殖技术的发展，生育可能不需要男女性交，也不需要女性怀胎十月就能完成。到那个时候，婚姻的形态与功能可能会发生巨大的变化，而彻底从生育任务中解放出来的女性，必然会对自身社会角色有着新的诉求。

事实上，就像米德的亲身实践，在现代社会，我们已经看到了越来越多的新的家庭形态。有些女性在离婚之后，相互结伴成为"搭子"，同居养娃；不婚的女性，开始探索开放式两性关系，尝试单身生育。这些新的家庭形态，其实是人们基于愈加复杂的现实，尝试在自由和责任之间取得平衡的新方式。这种平衡，不再像白族"绕三灵"一样需要由社会赋予，而是个体基于自身个性与需求的主动探索。可以预见，在未来的社会，这种探索会越来越多。真正包容的社会，一定是一个多样化的社会。绝对的自由和绝对的平等固然不存在，但我们可以在现实的环境中，无限追求、接近自由与平等的理想以及适合自己的生活。

第三章

礼物

无论是"礼仪之邦"的名声，还是民间常说的"礼尚往来""礼多人不怪"，中国人好像特别尚礼，也特别喜欢送礼。朋友过生日或遇到什么喜事，我们都会送点礼物；情窦初开的时候，你可能也偷偷折过千纸鹤；逢年过节看望亲戚的时候，我们更是会大包小包地拎着礼物，要是空着手去，总觉得不是那么礼貌。

但想必也有人觉得送礼是件很麻烦的事。我们经常不知道该送什么好，像走亲戚这种场合，挑来挑去，无非是水果、茶叶、烟酒等。水果，万一别人不喜欢或家里收到了很多，最后可能就烂在那里；茶叶、烟酒，也很看个人喜好，没准放一段时间，又被转送给别人。还有更尴尬的——你送给别人的礼物，对方又送给了第三个人，几经人手，最后同样的东西又回到了你的手里！

我的朋友结婚的时候，本来不想办婚礼，想了想还是要办：之前已经送出去那么多红包了，不办的话，收不回来！

想想，好像有点啼笑皆非，但又说不出什么错来。这几年，我身边的九〇后、〇〇后，则是越来越不喜欢送礼这个风俗，参加婚礼也成了一种负担。但如果完全不送礼，又好像把自己隔绝在了整个社会之外，毕竟，再好的朋友之间，也多少会有你来我往的人情。说到底，我们为什么要送礼？礼物在社会的运转中扮演着什么样的角色？

⊙ 莫斯与忙碌的特罗布里恩岛人

有那么一群"原始人"，和我们一样，喜欢送礼。而且，他们送礼的方式，正是上面所说的最尴尬、最不可思议的那种——把同样的东西换来换去。

根据经济学的说法，交换的最初动力，来自需求互补：我多出一袋大米，缺一双鞋，而你刚好多出一双鞋，缺一袋大米，我们就可以相互交换，互通有无。但是，人类学家却在西太平洋的特罗布里恩岛（Trobriand Islands）上发现了一群人，他们喜欢把同样的东西从一个人手里换到另一个人手里。这是在做什么？

人类学家莫斯（Marcel Mauss），仔细分析了这种现象，并从中提炼出了礼物的本质。莫斯，是20世纪早期的一位法国人类学家。如果对社会学感兴趣，你或许知道，有位很著名的社会学家，叫涂尔干（Émile Durkheim），莫斯就是他的外甥。莫斯一辈子,基本上都在帮涂尔干干活,但他写了一本很小很薄的书,书名就叫《礼物》,正是这本小书,让他获得了独立的名声。[20] 书中的内容最早作为论文发表,至今已有一百余年,但直到今天,它还在不断地被人们阅读和讨论。

书中的特罗布里恩岛人,总是在交换礼物,正是基于对他们的调查,莫斯揭示了礼物交换中的两条重要原则。被用于交换的礼物,一般是日常需求以外的东西,这是第一条。经济学里的交换,是为了满足日常需求,而礼物,并不属于这样的系统。我们很少会拎着柴米油盐去见朋友,送的礼物,往往是与生活刚需没那么大关联的,或者,是我们觉得比较特别,甚至奢侈的东西。当然刚需、特别、奢侈的标准会因人因时而变,"左手一只鸡,右手一只鸭"地送礼,也是因为在物质条件有限的过去,鸡和鸭对于很多人家来说,绝对是奢侈品。

所以送礼的关键,不在于礼物的实际用途,而在于它的社会意义。莫斯详细分析了特罗布里恩岛上的礼物交换。在岛民之间,存在一个礼物交换的循环,叫"库拉圈"(kula)。交换的内容有两种,一种是用打磨过的贝壳制成的精美手镯,一种是用红色蛤蜊雕琢而成的美丽项链。具体的交换模式是,库拉圈里的每一个人,会从"上游"的伙伴那里得到手镯,再把同样的手镯,注意,是同样的手镯,送给"下游"的伙伴；如果下游的伙伴愿意跟这个人建立联系，就会回以一条项链，然后，此人再把同样的项链回赠给上游的伙伴。

莫斯认为，特罗布里恩岛上的库拉圈，道出了礼物交换的精髓：不在于换什么，而在于交换这个行为本身。在特罗布里恩岛，当你找到一个人，想要送出手镯，就意味着你想要和他/她成为朋友。这个时候，对方如果拒绝了你的礼物，就意味着拒绝了你的好意和成为朋友的邀请；而一旦收下礼物，就意味着对方愿意参与这个游戏，接下来，他/她要做的，是在一段时间之后，送你一条项链作为回礼。

此时，礼物交换中的第二条原则出现了：送礼和回礼之间有着时间差。作为局外人，我们甚至不会意识到这份时间差，但可别小看它。在这样的交换圈中，对于送礼的人而言，这时间差是一次心理冒险，当他/她送出一份礼物后，就会期待某种回报，或者，至少是反馈。在等待的过程中，心情是忐忑不安的，只有收到回报后，才会觉得踏实。回到我们的生活来说，人们送出一件礼物，同样多少包含着某种期待，或等待对方的情绪表达，或期待对方帮忙，或希望建立、经营某种关系，或想收到回礼等。而这些期待通常不会马上实现，一般来说，对方收下礼物，就意味着某种承诺，你便开始静候对方的进一步意愿表达与行事，这就建立了某种不言自明的默契关系。如果你送出一份礼，对方立即还赠了等价的东西，这送礼行为基本是失败的。

不过，这时还有另一个问题，如果收到礼物的人不回礼怎么办？如果有一个人，出于贪婪或自私的本性，到处收礼，把这些手镯、项链都占为己有，那库拉圈的循环里岂不是有了一个黑洞？

这个问题倒不会在特罗布里恩岛上发生。因为岛上的人相信，礼物中有着某种灵力，叫作"豪"（hau）。这种灵力，是送礼者灵魂的一部分。送礼的人，在送出礼物的时候，也送出了自己灵魂的一部分；如果收礼的人贪掉了这份礼物，豪就会让收礼者生病，甚至丧命。所以，收礼之人，能做的选择，只有两个：要么收下，然后还礼；要么拒绝。礼物交换中真正关键的，不是物品本身，而是蕴藏在礼物之中的人的一部分。按照莫斯的说法，馈赠某物给某人，即是呈现某种自我。接受了来自某人的物品，相当于接受了对方的某些精神本质、一部分灵魂；如果仅是保留这些物品，就会有致命的危险——这不单是因为这是一种不正当的占有，还因为这个物品在道德、物质、精神上都来自另一个人，物品中的这种本质，会使占有者招致巫术或宗教的作用。

这种人与物混融的概念，乍听起来似乎有点陌生，有点不可思议，但实际上，只是人们现在很少用这种方式来想问题。送礼的时候，人们经常会说，"这是一点心意"或"礼轻情意重"。这里说的心意、情意，其实跟特罗布里恩岛上

第三章 礼 物

的豪有着异曲同工之处。

基于这些观察，莫斯认为，礼物流动的本质在于建立社会关系。人终究是社会性动物，不可能一个人生活，必定会以某种途径突破自己，建立社会关系。礼物，是建立社会关系的最好模式之一。当人无法避免建立社会关系的时候，送礼也就无法避免。

在特罗布里恩岛，送礼物，意味着想要建立新的社会关系，豪的存在，让收礼者不得不进行选择，通常来说，会选择收下礼物。如果一个人收下礼物，并回赠一条项链，那么，这个人和送礼者就成了伙伴、朋友，二人之间，就会有相应的权利和义务。比如，两人的后代可以相互通婚；一个人遇到危险的时候，另一个人有责任去帮忙等。就这样，礼物交换构成了一个个的圈子。这些圈子，是社会关系的边界，也是和平的边界，所有的纷争，只会针对圈外的人。

对于我们而言，同样如此。送出一份礼物，意在表示想和对方建立某种关系，至少，不是敌对的。对方如果拒绝了礼物，意味着对这段关系说 no；如果收下，则意味着关系的开始。对方可能会在未来的某个时候，以礼物或其他方式回馈，比如帮个忙，对你表示善意。几次来回之后，关系就会变得越来越稳固。

不知是否还有人记得："今年过年不收礼，收礼只收脑白金。""今年过年不收礼，收礼还收脑白金。"脑白金的广告旋律，算得上是一代人的集体记忆了。那时候我还小，不明白脑白金是什么，有何用，只记得那会儿不管是上门来我家拜年的，还是我们去别人家，拎的都是脑白金。那两年，社会上有很多关于送礼、收礼的批评，所以脑白金才会有这样的广告词，但显然又很讽刺：既然说了"不收礼"，那送出去、收下来的脑白金又是什么呢？脑白金公司的营销策略显然是成功的，它利用的是用礼物来建立社会关系的心理。当人们收到一份礼物的时候，总是会想，用什么方式来还礼呢？而特罗布里恩岛的库拉圈和"洗脑"的脑白金广告，都最大程度地简化了送礼 – 还礼的形式，即交换同样的东西。于是，东西本身就变得不重要了，重要的是在礼物流通的过程中，社会关系得以建立。

我们，其实也是忙碌的特罗布里恩岛人。

⊙ 工具计算还是情感表达？

但反观我们的现实生活，可能很多人会有疑问：有时候送礼，并不是纯粹为了建立关系，传达善意，而是有着相对明确的目的，比如，托人办事。对于这样的礼物，人类学家阎云翔曾做过研究。[21] 他认为，这种礼物在中国传统社会尤为典型，叫工具性礼物，"走后门"就属于这种礼物交换类型。相应地，他把莫斯研究的那种礼物，称作表达性礼物。

两者的区别主要在于,工具性礼物是为了达到某种目的,它建立的多是短期的社会关系,比如送个红包托人办事,事成之后,关系也就终止了,一般不再有更多的交往。相比而言,通过表达性礼物建立的关系,一般可以维持很长时间,甚至终身。

特罗布里恩岛的库拉圈,是交换表达性礼物的典型。但我们所生活的社会,远比特罗布里恩岛复杂。在现实生活中,完全纯粹的表达性礼物并不占多,大多数送礼行为,处于工具性和表达性之间。

很多地方男女结婚的时候,新郎家通常要给新娘家一笔彩礼。新娘家收下这笔钱,就意味着答应了这门亲事。从承诺的意味来看,这是通过礼物的方式建立社会关系。但在送、收彩礼的时候,双方家庭仍会权衡现实利益,甚至会讨价还价,这个时候,礼物中功利性的那一面就出现了。

如阎云翔所言,礼物背后的人情伦理体系有三个维度:理性计算、道德计算和情感维度。每个人在行动上的复杂性和弹性,源于这三个维度变动不定的组合。一个人可能极端理性,为了追求个人利益而仔细计算每一次社会交换的行为,另一个人可能恰恰相反,注重道德义务或主要根据人际关系中的感情因素行事。再者,一个人在不同的场合,可能会以不同的原则进行交换或根据特殊情形改变自己的行为重点。

透过各类亲密的情感关系中的礼物交换，我们或许更能看清这几个维度的交织以及送礼背后的复杂衡量。刚确立恋爱关系，男友就送了小娟一部手机。小娟觉得两人刚开始谈恋爱，这礼物过于贵重，因此不愿意收。但男友的态度坚决，小娟最终惴惴不安地收下，转身找家人借钱，把手机钱转给了男友。虽然别扭，但我们大概可以明白二人的心理。对于男友来说，贵重的礼物可以作为一种情感的表达，但小娟对这段关系存有不确定的想法，觉得自己可能很难满足男友的期待，于是，她按理性计算的方式衡量了礼物，这行为也意味着她并不想那么快地推进这段关系。收到钱的男友，因期待的错位，可能也心里不是滋味。类似的情况在生活中并不少见，我也听一位女生说过："如果是给刚刚在一起的男朋友买礼物，我会注意分量，希望体面一点。如果谈得久了，信任程度高了，就无所谓了。我和好朋友之间送礼物，是不在意价钱的，甚至觉得朋友之间，信任程度更高，相处更随意，哪怕是小东西，对方也懂得我的用心。"

这种亲密程度与送礼内容之间的关联是不断微妙变化的。当一段关系刚开始的时候，人们倾向用理性、谨慎的方式行事，但当这段关系里蕴含的情感越来越多的时候，表达性的礼物就会占据上风。这个时候，礼物贵重与否就不在于价格高低了，而在于表达的情感真挚与否（当然，不排除你是个极具仪式感的人)。

然而,不要因为关系的稳定与亲密以及礼物的"小",就忽略礼物与情感表达的关系,这里头学问可不少。以社交网络平台豆瓣上的"劝分小组"为例,小组中有相当一部分的情感问题就与送礼物有关。谈恋爱的时候,在特定的、期待收到礼物的日子,甚至日常相处间,送没送礼物,送了什么礼物,回礼的态度等,都直接影响着恋爱关系与结果。"七夕没有礼物要考虑分手吗?""警惕感情中的投资心态!""如何要回当初送给渣男的贵重礼物?"这些帖子常常引来热议,究其原因,礼物仍是人们衡量社会关系的强度和深度的重要依据。但关系,是不断变动的,以至于礼物背后到底是情感、道德还是计算,并不是固定和唯一的,那些想要回送给"渣男"的礼物的人,也是因为关系本身和自己的情感受到了侮辱,所以只能将礼物与关系转化为冷冰冰的金钱概念。

任何一段关系,都是需要经营的。经营,便是双方将自己的一部分,物质也好,言行也好,情感也罢,送给对方,同时,也期待对方的回报。我很喜欢王菲的那首《匆匆那年》,里面有句歌词,点明了礼物背后的人际关系本质:"谁甘心就这样,彼此无挂也无牵。我们要互相亏欠,要不然凭何怀缅。"人和人之间,无非是你欠我,我欠你,有来有往,所谓人与人之间的关系,很大程度上是这个意思。

如今，人们有时会抱怨送礼太麻烦，这里面至少有两个原因。一个原因是，人们已经习惯了市场经济下简单的交易模式，一手交钱，一手交货。可如果只有这样的交易，人们又会抱怨没有人情味。但想要"情"，就意味着一定程度的麻烦，这是摆脱不掉的。很多年轻人更喜欢自由自在、个性独立的生活，所以想避免人情羁绊。作为个人生活方式，这本身无可厚非，但如果社会中的大多数人都觉得"人情很麻烦"，那可能就危险了。

另一个原因，则是在现实处境中，人们的送礼心理很难纯粹、单一。本该是表达性的礼物，却变成了工具性的，恰恰是这点闹人心。如果礼物仅仅是为了表达心意，送什么都行，那其实一切都会很简单，可麻烦的是，人们会算。送给什么人，要办什么事，送多少合适，别人的回礼是不是达到了期待……这种算，并非完全出于冰冷的工具理性，面子、道德、情感、公平等，都在其中发生作用。这种算，一方面令人厌烦，一方面又身不由己。甚至，发展到极端，送礼物变成行贿，这就是赤裸裸的交易了，法律也会直接禁止这种行为。

⊙ 礼物的乌托邦可能

礼物能建立社会关系，对此，我们多少能在生活中观察到,而以莫斯为例,他笔下的礼物还指向更具乌托邦意义的理想,我们又是否能够以及愿意去想象?

莫斯写《礼物》的时候,刚好经历了第一次世界大战。一战,对西方人的心理打击是摧毁性的,自诩为文明人的欧洲人做梦都没想到,他们会互相残杀到这样的地步。莫斯本人,也经历了一战,他服过兵役,见过流血和尸体,他一生最尊敬的舅舅涂尔干,也因为儿子在一战中丧生而悲痛过度,最终去世。

莫斯研究的礼物,是他理想的寄托。在《礼物》一书的最后,他曾经写道:

> 要做交易,首先就得懂得放下长矛。进而人们便可以成功地交换人和物,不仅是从氏族到氏族的交换,而且还有从部落到部落、从部族到部族,尤其是从个体到个体的交换。做到了这一步以后,人们便知道要相互创造并相互满足对方的利益,并且最终领悟到利益不是靠武器来维护的。从而,各个氏族、部落和民族便学会了——这也是我们所谓的文明世界中的各个阶层、各个国家和每个个人将来都应该懂得的道理——对立却不必互相残杀,给予却不必牺牲自己。这便是他们的智慧与团结的永恒秘诀之一。[22]

在莫斯看来，导致西方陷入分裂与战争的，是自我中心主义的算计，是冷酷的理性，这些恰好与市场经济、资本主义有关，也是莫斯所深恶痛绝的。特罗布里恩岛上的礼物交换里，则没有这些，有的是与他人的交往，是朋友关系的缔结。

一战爆发的原因自然不能简单地归结于市场经济，但我们至少应该意识到，市场经济有它的限度和问题。市场经济，强调的是建立在精确计算基础上的利益最大化。在制度与法律许可的范围内，做出最有利于自己的决策，这在市场经济的范畴里被认为是绝对正确的。然而，从人性的角度来说，这无疑是在鼓励自我中心主义，鼓励将他人作为自己爬升的垫脚石，不利于形成人与人之间相互联结的社会。

20世纪早期，在经济学界普遍存在着对自由市场的狂热信念，甚至有人认为国家、社会和全球经济都应该按照市场的逻辑来运行。一战的爆发使得欧洲人开始反思自己的现代文明，1929年到1933年的经济大萧条更使人们对市场的有效性产生了巨大的怀疑。莫斯讨论的礼物现象以及《礼物》一书，重新受到人们的重视。

20世纪，有一位极具辨识力的经济史学家，叫波兰尼（Karl Polanyi），他在1944年出版的《巨变》一书中，对自由市场论进行了最为激烈的批判。[23]他吸收并发展了莫斯的观点，认为在人类历史上的很长一段时间里，市场经济所鼓励的图利动机都只是社会关系的附属品，甚至，古希腊先哲亚里士多德曾一针见血地指出，为图利而生产的原则是不合人类本性的，是贪得无厌的表达。随着现代社会的发展，市场经济越来越取得支配性的地位，甚至，市场性的原则溢出了经济体系，对社会整体产生了决定性影响。这恰是导致经济萧条、社会崩溃的根本原因。波兰尼主张，人，首先应当是社会性的动物。社会的运转绝对不应该只是市场的附属品，相反，市场发挥作用的领域应当受到限制，并且，国家及其他社会主体应当行动起来，对自由市场带来的破坏性后果加以弥补。

今天，回过头来看波兰尼，他的批判极具预见性。市场性原则确实已经在社会生活的各个领域泛滥，同时，20世纪后期，有越来越多的经济学家意识到自由市场可能带来的问题，各个国家开始积极制定政策，以尽量减少市场的逻辑对社会整体的负面影响。

我们的日常社会生活，正在很大程度上受市场原则影响，而不少人对这种现象和影响，还缺乏足够深刻的认知。财富、社会地位成了评价一个人的首要甚至唯一标准，人的内心不再被认真了解。在婚姻那章里，我们提到了相亲角，婚姻市场里的"明码标价"，看似使结婚这件事变得简单分明，却让它失去了某种情感的味道。于是，在某个无奈或疲惫的时刻，你是否会觉得，莫斯笔下描述的那种和平、纯粹的社会，是值得向往的？

可能有人会说，那当然是值得向往的，但现实已注定，而当代人类学家格雷伯（David Graeber）不断提醒我们，要时刻注意到另一种可能。格雷伯写了一本流传很广的书，叫《债：第一个5000年》。[24] 他的观点，是对莫斯和波兰尼论述的进一步延伸。在格雷伯看来，真正意义上的以物易物，或者说，以价值为基础的交换，只会发生在陌生人之间。这种交换蕴含着一个假设：你跟交换方的关系是一次性的，交换完成之后，你跟这个人之间就不会有什么关系了。

格雷伯提到，在早于斯密（Adam Smith）所处时代的一两个世纪里，英语单词"以物易物"以及它在法语、西班牙语、德语、荷兰语和葡萄牙语中的对应词汇，其含义是"哄骗、欺骗或敲竹杠"。直接用一个物品交换另一个，同时试图在交易中使自身的利益最大化，一般而言，这种情况只会发生在你和你不关心且未来也不会再相见的人之间。毕竟，仅从谋求私利的角度来说，有什么理由不占这种人的便宜呢？因为这个人跟你没什么关系，所以欺诈是合理的，你可以尽可能多地从对方身上赚取利润，让自己利润更大化。相反，如果你非常关心某个人，比如邻居或朋友，那就不可避免地会在交易中考虑到对方的需求、想法和处境。

格雷伯提供了这样一个场景。在一个人际关系亲密的小社会中，有个人叫亨利，还有个人叫乔舒亚。这两个人，身份基本相同，虽然没有密切的联系，但至少关系是友好的。这时候，亨利需要一双鞋，但他只有土豆。乔舒亚有一双多余的鞋，但他并不需要土豆，而货币还没有被发明出来，他们该怎么办呢？

> 亨利走向乔舒亚，说："这双鞋真棒！"
>
> 乔舒亚说："哦，其实不怎么好。但是既然看起来你很喜欢，那就拿去吧。"
>
> 亨利拿走了鞋。
>
> 亨利的土豆没派上用场，因为乔舒亚并不需要。但双方都非常清楚，如果乔舒亚有需要土豆的那一天，亨利一定会给他一些。[25]

可不要小看这个简单的场景，这意味着一种与市场计算完全不同的思考模式。乔舒亚是开放、友善的，而亨利在拿走那双鞋的时候，他欠了乔舒亚一个人情。他们并不想用货币来衡量这份人情的价值，只是彼此心里都知道，在乔舒亚需要的时候，亨利会用某种方式把这个人情还上。他们就像莫斯笔下的特罗布里恩岛人，经由交换，认识到了对方是朋友。

如果说这样的情况在我们和亲友之间尚且可能发生，

那么，格雷伯还提到了一则来自描写因纽特人的《爱斯基摩人之书》的案例，它让人更直观地去感受计算之外的交换与交往。这本书的作者在因纽特人那里居住了很长时间。有一天，他捕猎海象的行动失败了，回家后饥饿难忍。这时候，有个收获颇丰的猎人送来几百磅肉，他不住地感谢猎人，哪知猎人却甚感恼怒，拒不接受他的感谢。

> "在这个国家里，我们都是人！"那个猎人说，"因此，我们互相帮助。我们不愿意听到别人因受到帮助而表示感谢。今天我收获颇丰，但明天可能就轮到你。"[26]

这段话，既让那个作家非常惊诧，又让他非常羞愧。习惯于计算、以物易物的西方人，很难想象这样的慷慨存在，而因纽特人给他上了一课。这并非人们口中简单的"不用谢""不客气"，猎人认为，自己之所以成为人，并非因为具有经济计算的能力，恰恰相反，他坚信，作为人类，就意味着拒绝进行类似的计算，拒绝衡量或记住什么人给了什么人哪些东西。因为这些他所拒斥的行为所创造的世界，将不可避免地变为人类开始对不同的权利相互比较、相互衡量、相互计算的世界。

于是，格雷伯提出了他最振聋发聩的观点：人类当然有计算的倾向,但是,人类也拥有其他倾向。在实际生活中,这些倾向将同时把人们推向几个不同的,甚至是互相矛盾的方向。真正的问题在于,人们会选择哪一个方向作为人性的基础,而这个选择也意味着人类文明的基础。

现代社会中的人,选择了自利作为人性的基础,并且说服了自己"我们天生如此"。但这在一定程度上是市场经济主导了一切之后的产物。对于不少中国人而言,变化也仅仅发生在这几十年间。如果问一下长辈,他们可能会告诉你,过去乡村的人际关系,和故事里的亨利与乔舒亚非常接近。邻居需要什么东西,拿走便是,人们并不会那么计较,也不会要求马上报答,但大家心里知道,在自己有需要的时候,邻居同样会在。

中国的人类学家田汝康,在20世纪40年代,曾观察到在德宏芒市的傣族人中,存在着一种"做摆"的风俗。[27]当地人对这种仪式充满了巨大的热情,寨子里人人参加,他们认为这是为死后的生活积累功德。做摆,是将自己所赚的钱施舍出去,一个做过摆的人,即使在政治上、经济上没有任何地位,寨子里的人也会对此人表示足够的尊重。

在田汝康先生看来,做摆,其实为当地人设立了一个超出私人生活的目标,让个人把在社会中所得到的,再回报给社会。在社会生活中,人们经常感到人和人之间有着才智、体力、性别、财富、阶层等多方面的差异,但在做摆这件事情上，所有人都有着同一个目标，并且，一旦遵守它、服从它，就会觉得自己生活得很舒适，很痛快。在这样的目标笼罩之下，傣族人并不热衷于赚钱，即使赚到了钱，也并没有兴趣为了个人利益储积财富，而总是想着怎样将财富通过做摆散发出去。这样，人和人之间就达到了某种层面的基本同一，社会也得以维持自身的完整。

与莫斯的写作背景相似的是，田汝康先生在考察摆夷（即傣族）社会的时候是二战期间，他也同样带着对现代社会的强烈不满。与莫斯类似，田汝康先生认为，在现代社会找不到的乌托邦，在摆夷这里却现实地存在，甚至，摆夷人的生活可以给未来的人们再造世界时提供一个取法的张本。

出于对莫斯和田汝康先生的景仰，我于2020年重新走访了当年田先生调查的村寨，虽然在现代市场经济的影响下，那个寨子已经发生了巨大的变化，但仍旧可见的，是当地人快乐、平和的状态，以及对做摆不变的热情。在闲聊中，一位村民不经意地说道："你们大城市的人，每天都算来算去，好麻烦哦。"我只能报以苦笑。回溯莫斯与田汝康的乌托邦世界，并非对田园乡村式生活的怀旧，在今天的这个时代，我们当然无法真正地像特罗布里恩岛上的岛民，或者20世纪40年代的傣族人那样生活，但他们至少让我们自问：被市场经济片面开发出的、强调功利和计算的人性，是不是代表人性的全部或主要方面？人性中的其他方面，比如对他人的友善，对情感的憧憬，是不是被过度压抑了？而这些被压抑的，是否才是对"美好生活"的追求？

⊙ 交换是美与善的期待

正如莫斯所言，在古代道德中，人们追求的是善与快乐，而不是物质的有用性。只有在理性主义与重商主义胜利之后，获利与个体的观念才被提升为至上原则。单纯逐利的个体不可能带来美好的社会，即使在今天这个被市场经济主导的社会中，我们也可以在生活中，做出一些力所能及的改变。

莫斯曾经对现代慈善事业进行过批评。他认为，很多西方企业家为了宣扬自己的美德，就拿出一笔钱来做慈善。这看起来是一份馈赠，但一方面，这抬高了送礼者的社会地位，还让人忽略了这笔钱的血汗来源，另一方面，对于收礼者而言，这也成了一种道德负担。莫斯认为，真正值得学习的馈赠，是传统犹太教中的慈善——接受礼物的人永远不知道送礼的是谁，送礼的人也不知谁会收到礼物。

这听起来似乎有点不可思议，只像个匿名游戏。但让人欣喜的是，在现代社会中，我们也逐渐看到了这样的馈赠行为。在意大利的威尼斯等地，兴起了一种风俗，叫coffee on the wall，中文可以翻译为"贴在墙上的咖啡"——当你走进一间咖啡馆为自己点单的时候，你可以选择多付一杯咖啡的钱，让店员用一张纸代表这杯咖啡并贴在墙上。这样，后面有想喝咖啡却没钱的人进来的时候，就可以点一杯"墙上的咖啡"。这个小小的行为，固然是对人性的考验，但无疑蕴含了真正的美善：为这杯贴纸咖啡预先支付的人，并不知道谁会享用它，而后来者，也无须放低自己的尊严，不用知道是谁为他/她买的单，要做的只是看一眼墙上，点一份单，享用咖啡，然后安静地离开。送礼者是匿名的，收礼者也没有任何负担，他们的行为，是基于对普遍人性的信任。

而同样是慈善，现在借着互联网平台而流行的筹款捐助，则是一种与前面提到的企业家捐款很不一样的新型模式。如果有需要帮助的人，经认证后他/她可以发布信息，由网友众筹捐款。这里的网友，大多和受助者并不相识，每个人捐款的数额并不大，但汇集起来可能达到数目可观的金额。仅就形式而言，它是一种值得思考的人与人之间的馈赠，受助方感谢的是社会，是集体意义上的大众，并不会对某个个体欠债；网友们并不求通过这种方式留名或增加声望，更多只是出于对陌生人的善意。

礼物，并不只是生日礼物这般具体的物件，它背后的交换与馈赠行为以及对人际关系的畅想，是社会运作的理想，也是日常生活中广泛存在的友善。在很多国家以及我国西藏、云南等地，不少自助旅行但遇到交通困难的旅客，会在路边竖起大拇指，表示希望搭车。路过的汽车如果有空座并且司机愿意，便会停下来搭上一两位搭车客，并不收取费用。我曾载过这样的搭车客，聊天说笑，给几个小时的旅途增添了很多欢乐，到达目的地后，大家并没有互留联系方式，只是挥手再见，各自珍重。作为普通个体，我们很难改变整体社会的走向，但至少可以改变自己。正如莫斯所言，要走出自我，要给予——无论是自发的还是被迫的，这种原则是不会错的，这是人当有的美善。

第四章

巫术

身边有这样的朋友吗？他们会用星座来解释性格、运势、亲密关系等：我是天秤座，所以我像风一样；他是狮子座，所以控制欲很强；我和某某不合适，因为我是天蝎，他是双鱼，我呵护不了他敏感脆弱的心……单个星座的解释力还不够，于是出现了太阳星座、月亮星座、上升星座等各种星座的"衍生品"，并与塔罗、命理等关联起来。就像传统社会的算命先生，很多大城市有占卜工作室，收费不菲，人满为患，更有所谓"赛博算命"的线上占卜直播间，流量可观。

如果严肃地发问：你相信星座、塔罗吗？占星是巫术吗？很多人大概无法笃定而简单地给出相信或不信，是或不是的答案。既然无法单纯地相信，人们为什么会乐此不疲地去讨论？谈论星座、解读塔罗牌的时候，我们是在聊什么？巫术，真的离我们很遥远吗？不妨先去原始社会看看正儿八经的巫术与巫术的施展。

⊙ 阿赞德人的巫术、神谕和魔法

阿赞德地区，位于非洲中部。有一名叫埃文思 - 普里查德（E. E. Evans-Pritchard）的英国人类学家，在那里做了很长时间的田野调查。他发现，对于阿赞德人来说，巫术是特别平常的事情。他们每天都在谈论巫术，并且觉得不谈论巫术才是一件奇怪的事情。[28]

什么时候会谈论呢？发生不幸事件的时候。在他们看来，所有的不幸事件都是因为巫术才会发生的。一个男孩走在灌木丛中，撞到了小木桩，于是大脚趾受伤了，并很快发炎。按照我们的逻辑：男孩撞在树桩上，是因为路不好走以及他不小心；树桩在那里，是因为树自然地长在那里；伤口发炎，更是正常的病理现象。这一切与巫术有关吗？但男孩认为，他每天都是这么走路的，几百次走过这里都没有出现这种事，但就这一次，明明和平时一样走路，却偏偏撞了树桩；同时，这次伤口还发炎，以前他也有过很多伤口，但都没发炎——这些奇怪的事情，肯定是巫术引起的。

难道是阿赞德人不具备基本的科学常识？好像也并非如此。在阿赞德地区，会有一些木头做的粮仓，就像凉亭一样，冬天用来堆放粮食，夏天人们就在那下面乘凉。那个地方白蚁很多，木头柱子如果被白蚁咬多了，粮仓就会倒塌。有时候，有人刚好在乘凉，结果粮仓倒塌，还把他压伤了。阿赞德人也知道，炎热的天气可以解释人们为什么去乘凉，白蚁咬坏柱子可以解释粮仓的倒塌。但阿赞德人会进一步追问：为什么人们在粮仓下乘了一百次凉都没有出现压伤事件，偏偏这个人，在这次乘凉的时候，就被压伤了？这肯定是因为巫术。

看来阿赞德人并非完全不知道科学的原因，问题是，他们认为科学只能解释那些恒常的现象，但不能解释突变的事件。而巫术，恰好可以解释一种因果关系的交织。所以埃文思-普理查德说，原始人不是不懂逻辑思维，而是在科学之外，用巫术解释了更多。

阿赞德人的生活充满了巫术。他们认为，巫术是人体内的一种物质，它不与某个器官关联，但是一定存在。有人说，它是椭圆形的黑色肿胀物或袋状物，里面还有各种小的物体；也有人说，它在肘部或者肝的边缘，只要剖开皮肤，巫术物质就会"噗"一声冒出来；还有人说，它是红色的，里面含有南瓜、芝麻以及其他可食用植物的种子。根据解剖知识，埃文思-普理查德认为所谓的巫术物质可能是消化食物时小肠所呈现的状态，也可能是阑尾。但这些判断没那么重要，因为无论巫术物质长什么样，阿赞德人对它的存在都深信不疑。

有巫术，就有巫师。在阿赞德人看来，既然巫术是一种日常的、平常的存在，那么，任何人都可能是巫师，包括自己。但巫师不一定能意识到自己的巫术行为，甚至可能会在无意识的状态下伤害别人，这个时候，巫师就需要有意识地让自己的巫术"冷却"下来。当一个巫师使自己的巫术平静下来，人们便不会再对他/她抱有持续性的敌意。也就是说，巫术并不是可以用来针对个人的方式或能力，重要的是，它提供了一套对不幸事件的解释体系。

但并不是所有的不幸事件，都要去寻找巫师解决。像脚被撞了这种事，也就自认倒霉了。只有在遇到严重的不幸时，阿赞德人才需要找出巫师。这时候，另一种神秘的力量就登场了——神谕。

在阿赞德社会，神谕也有好几种，包括摩擦木板神谕、白蚁神谕、毒药神谕等，其中，毒药神谕被认为是最权威的一种。毒药神谕需要用到事先配制好的毒药和两只小鸡，在严格遵守禁忌的情况下，操作者通过给鸡喂毒药来询问神谕，而小鸡的死活便是神谕给出的答案。婚姻、搬家等生活选择，甚至是一些案件的判罚，阿赞德人都会请教神谕。在著名的纪录片《阿赞德人的巫术》（*Witchcraft among the Azande*）中，便提到一桩用神谕结案的案件。在毫无取证可能的情况下，法官（即当地酋长）诉诸毒药神谕。最后，神谕给出了判决，"是的"，即控告的事实成立。面对死去的小鸡，尽管最初拒绝承认指控，被告最终还是承认了自己的罪行。可以说，毒药神谕提供的意见，是唯一可以令全体阿赞德人信服的、不产生争议的宣告。

如果一个人死了，且阿赞德人认为他死于巫术，那么，他们首先会用神谕来判定这一点，然后用复仇魔法杀死凶手。复仇魔法是阿赞德人诸多魔法中的一种，它主要依赖魔药以及加诸魔药的咒语。如果一个阿赞德人知道某件坏事是谁做的，那么自然会把这个人告上法庭；但当他们不知道的时候，就会依靠复仇魔法，来抗击这个不知姓名的坏人。魔药并不是所有人都有，需要从特定的魔药师那里购买，阿赞德人相信，只要购买的魔药是正确的，咒语也是正确的，那么，复仇魔法便会自动完成任务——找出凶手，并让其受到应有的惩罚。

巫术、神谕和魔法在智力层面形成了一个统一体，每一项都能够证明其他项。死亡证明了巫术的存在，人们通过魔法来报复，复仇魔法的成果又由毒药神谕来证实。这样的逻辑链条，支撑着阿赞德人的生活。

⊙ "进步"论调下的巫术

理解阿赞德人的巫术体系，埃文思-普里查德可以算是第一人。在某种意义上，他也可以说是第一个真正严肃对待巫术的人类学家。那么，在他之前呢？

最初在接触原始人的时候，那些神秘的原始信仰，是人类学家最难以理解的事物。有些确实挺匪夷所思的：非洲一些部落的人相信，孕妇如果接触了河水，她生下来的小孩就会像河马。有些则让人觉得似曾相识：一些从事原始农业生产的人们相信稻（谷）魂决定了稻谷的生长，因此他们会举行隆重的祭谷魂仪式，甚至还会用活人来祭祀。

早期的人类学家，给形形色色的信仰安了一个名字，万物有灵论（animism）。所谓万物有灵论，主要包括两则信条：一是相信所有生物都有灵魂，这灵魂在肉体死亡或者消灭之后还能继续存在；二是认为存在精灵、神灵等，他们能影响或控制物质世界的现象以及人今生来世的生活，并且人的一举一动都可能引起他们的高兴或不悦，比如《西游记》《封神演义》里的雷公、电母、龙王。

但万物有灵的观念从何而来？会通往何方？人类学家试图用自己的方式，更深入地理解、阐述这样的思维方式和心智。其中最有名的，是英国人类学家泰勒（Edward Burnett Tylor）。泰勒身处的年代，英国学界正处于批判神创论的氛围之中，达尔文的物竞天择与人类动物起源说便在那时被提出，泰勒也是达尔文的忠实追随者之一。

泰勒曾在墨西哥广为游历，并被当地丰富的文化现象打动。此后他又发现，在早期人类社会，各地存在着类似的对自然的想象。比如地震，在斯堪的纳维亚人看来是洛基神（Loki）在地下颤动，在希腊人那里是普罗米修斯（Prometheus）的挣扎，对加勒比人而言则是地母（Mother Earth）在起舞。泰勒认为，这些想象的背后，意味着一种共同的思维模式，他想要找到这种思维模式的破译密码。[29]

泰勒在研究了海量的原始神话之后得出结论，万物有灵的信仰，源于原始人对自己无法理解的身体经验的感受，其中最典型的是做梦。做梦的时候，我们好像有了另一个自己，在另一个世界中活动；而梦里的快乐和痛苦，都是那么真实。泰勒说，正是由于梦境的体验，原始人相信，存在着可以脱离肉体的灵魂。在睡觉、生病或者昏迷的时候，灵魂暂时脱离了人体，而死亡，则是灵魂的永久脱离。进一步地去推论，如果人们相信人存在灵魂，为什么植物、河流、风和动物，甚至恒星和行星，不可以也有灵魂呢？进而，泰勒指出，原始人有思考世界的能力，他们所相信的神话和巫术，便是试图解释自然界的思维努力的结果。

原始人的逻辑线条很简单：因为灵魂给个人以生命，所以神灵给世界以生命。这相对于什么都不思考来说，显然是一种值得肯定的智识努力。但在泰勒看来，这比起西方人来说却是差了很多。因为泰勒认为，万物有灵论会遵循一种特定的发展和演化模式：起初，人们认为灵魂是渺小而具体的，并将其与人们碰巧见到的一棵树、一条河流或一种动物联系起来；渐渐地，灵魂的神力变强，一棵树的灵魂变成普遍的树的灵魂；一定时间后，灵魂越来越远离它所控制、寓居的实体，诸如森林女神、波塞冬海神这样的神灵出现了，甚至具有自己的肉体和个性；最后，神灵越来越抽象和独立，也摆脱了人类对他/她的干预和控制，这就是西方人信仰的至高无上的上帝。[30]

从小小的灵魂上升到上帝的过程，是泰勒构建的进化论式的宗教链条，也是达尔文的生物进化学说在人类社会的翻版。显然，泰勒认为原始人的观念才刚走到这条路径的最底端，所以，纵使泰勒很努力地去理解原始思维，但最终，他还是走向了"原始人比西方人低级"的判断——原始人会思考，但只会像孩子一般思考。

这样的论调，在很长一段时间里占据了学界的主流。另一位叫列维-布留尔（Lucien Lévy-Bruhl）的人类学家也提出类似的观点。他认为，原始思维是一种和现代人不同的思维模式，在原始人看来，从来没有纯粹的自然现象，也没有物理学、生物学知识。他们不明白为什么会刮风，会说这是风神引起的；他们不知道人为什么会生病，觉得一定是有邪恶的魂灵在害人。列维-布留尔提炼出了这种思维方式的根本原则，互渗律——世间万物是互相渗透的，一些事实上没有任何关系的事物，在巫术的世界里，是有关系的。

互渗律，其实我们很熟悉，它在尚未被现代文明光顾的时代和地区是普遍存在的。占星、塔罗的诞生，意味着人们相信那些遥远的星星以及星星之间的关系,可能会以某种神秘的方式作用于这个世界,从而影响到人的运势;宫斗剧里表现仇恨心理的"扎小人",意在通过伤害一个人偶,给自己讨厌的人带去不幸,这也是在相信某种力量可以隔着时空发挥作用。列维–布留尔把这样的思维方式称作原逻辑思维,而他认为,这些都是科学的不发达造成的。[31]

那时候的人类学家,对西方文明和科学有着强烈的自信,认为以万物有灵、互渗律为代表的原始思维是野蛮落后的标记。原始人之所以用巫术的方式认识世界,是因为他们的思考水平还发展得不够,不会像现代人那样进行逻辑和科学的思考;当接触到科学了或者所处社会的科学发展了,他们就会抛弃巫术思维,投入科学的怀抱。

然而,实际上的历史发展并非如这些人类学家所设想的那般。当"原始人"理解并接受了科学知识之后,他们仍然对传统的巫术深信不疑;生活在科技高度发达的现代社会中的人,也并没有完全放弃"迷信"的思维。以万物有灵来说,一些农村地区遇到干旱,还是会把常年供奉在庙里的龙王爷拖到阳光底下暴晒,让他感受痛苦的滋味,让他知道该下雨了。以互渗律来看,占星等玄学不也在我们的生活中颇有存在感吗?

科学和巫术两种思维,并不是相互排斥的关系,而是属于不同的领域。科学意味着理性和判断,巫术则应对着风险带来的不安。早期的人类学家，虽然试图摆脱神创论，理解原始人，但内心仍旧看不起他们。到了埃文思 - 普理查德的时代，西方文明中出现的诸多问题使人类学家开始反思自身，面对原始人的心态也更谦逊，进而能更深刻地理解原始巫术中的内涵。

⊙ 原始人的理性，现代人的迷信

原始人 = 迷信 + 落后？现代人 = 理性 + 进步？回到阿赞德人的巫术世界，这组结论似乎有待重新审视。埃文思 - 普理查德在仔细研究了阿赞德巫术后，发现原始人的思维模式比现代人的低级这一判断是站不住脚的：原始人并没有人们想象的那么愚蠢，阿赞德的巫术在某种意义上虽是互渗律的表达，但这并不意味着他们迷信落后，而是他们用巫术解释了科学不能解释的部分；现代人并没有那么万能，也总是想用各种各样的方式，为生活寻找更多的确定性，我们的生活，同样充斥着各种迷信。

正如前面介绍的，阿赞德人的巫术、神谕和魔法是相互支撑的，共同构成了完整的逻辑链条。更加值得一提的是，阿赞德人不仅会反复验证神谕，以求严谨，还很清楚巫术的限度，并不会简单地把生活一股脑儿地交托给神秘力量。当地人喜欢做陶罐，这个技术可没那么容易被掌握。

如果一个手艺精湛的制陶人，每天都在做陶罐，从未出错，有一天却忽然没控制好火候，烧坏了陶器，这种情况下阿赞德人自然会想到巫术。但换一种情况，如果一个人手笨，怎么都学不好，那人们只会认为是此人自身的问题，而不是巫术导致的。巫术的严肃性也在此体现，它可不是万能的借口，尤其是在道德问题上，人们不能用巫术为自己开脱。就像神谕有权质询通奸是否成立，但通奸者却不能用巫术辩解自己的行为。这样的解释，既不能被当地人接受，也不能成为逃避罪责的借口。

仔细考察他们的社会运作与巫术的关系便可以明白，阿赞德人构建了一套完整的、有逻辑的、理性的信仰链条，用来弥补科学的缺失。[32] 你可以说他们和我们不同，但是，并不存在什么高低之分。埃文思-普理查德一再强调，巫术这个概念对于我们是如此陌生，我们很难理解阿赞德人竟会相信巫术的存在，然而不要忘记，阿赞德人同样不能理解我们既不了解巫术也不信仰巫术这一事实——电影《上帝也疯狂》里的原始部落，把从天而降的可乐瓶视为不祥之物，捡到可乐瓶的小男孩在归还它的旅途中遭遇"文明世界"中的人和物，他的第一反应不是羡慕或感叹文明的高度，而是难以理解这些人为什么要折腾自己。不同文化之间的相互理解自然是困难的，但至少不能刻意夸大彼此之间的距离，也需要放下所谓文明与发达的傲慢。

反过来看看现代社会里的人们，其实也拥有和阿赞德人类似的巫术思维。如果某次出门丢了手机，我们会怎么想？今天运气不好，今天点儿背，最近人品很差。"运气""点儿""人品"，这些有点"玄"的词汇，是我们解释不幸事件的方式，只不过和阿赞德人用的词不一样而已。然而，面对更大的不幸，比如旅行遇难、车祸，我们似乎很难简单地用运气等去解释，或者说，难以接受这样的解释。细想来，我们真正难以接受的，恰好是阿赞德人用巫术解释的部分，即那些因果关系的交织。为什么某个人旅行那么多次都没有出过事，就这一次遇难了？为什么每天出门走同一条路，今天却遇到了车祸？面对这些没有办法解释的因果交织的时刻，在阿赞德的社会里，巫术会登场。他们用巫术解释生活中的悲剧，再用神谕和魔法来平复自己的心情，当魔法完成的那一刻，他们告诉自己，这件事过去了。而现代人，只能用眼泪或失眠，在内心慢慢消化情绪。

⊙ 风险社会，慰藉在哪里？

虽然我们的科学比阿赞德人的发达得多，但我们的生活也比他们复杂得多。现代人的生活中有着更多的不确定性，远没有想象中那么安全，甚至说，比起阿赞德人，我们是缺少安全感的。

英国社会学家吉登斯,把现代社会称为"风险社会"。前现代社会,人们一般生活在小群体和小社区中,从出生开始,人生轨迹基本就被规划好了。每个小型的社区,都有自己的地方性知识,这些知识能够让人把握生活和世界的轮廓,也给人安全感。这种地方性知识包罗万象,中国人常说的"天黑黑,要落雨",是最简单的一种。这种知识或者说结论,建立在很多代人的观察和经验积累之上,而不是源于对"为什么会下雨"的科学认知。

到了现代社会,人们最强烈的感受,便是抽离。人从传统的人际关系、小型社区中被抽离出来,又被卷入到一个更大规模的、难以理解的社会体系之中。生活在现代社会的人,虽然看起来拥有了各种选择,但往往有着更多的无力感。这里面当然有很多原因,但至少有两点值得在这里一提。不同于巫术世界的信仰力量,现代社会没有一套清晰的、完整的、能让所有人信服的意义体系,个人时常会有很强的无意义感,不知道生活的价值应该落在哪里。人们只是活着或者努力让自己感到快乐,但很难感受到与更大的世界之间的关联。另外,现代社会高度依赖抽象化的系统,这些抽象系统让普通人难以理解,因此,人们又不得不强烈依赖所谓的专家。[33]比如金融体系,一套典型的抽象系统,它高度地难以被把握,因此股民们总是试图从专家意见中寻找确定性。又以互联网行业为代表,几乎各行各业都在不断制造"行业黑话",这些"黑话",不断强化着行业壁垒——它不想让外面的人理解这个行业。对于普通人而言,面对越来越多自己难以理解的东西,内心的不安与无力只会增加。

不妨再以与感官经验高度相关的治病为例,感受一下现代社会的特征。以前的医生,大多是社区里的赤脚医生。首先,人们认识这个人,然后,才会去找他/她看病。人们虽然不知道治病的原理,但对这个人本身是信任的。

现代医学越来越发达,治疗的原理与方式非常复杂精妙,普通人自然根本无法明白。而医生,不同于以往,对于病人而言是陌生人,同时医患间又存在着信息壁垒。试想,当你生病了,你要把自己的身体甚至性命交给一个陌生人,是否多少会感到不安?心里没底,除了因为对疾病的隐忧,更潜在的一层不确定感在于,人们对医生的信赖已经无法依赖传统的邻里关系,只能出于对整个医疗系统和制度以及现代医学知识的信任,可这些又是一般人看不见、摸不着、不明白的。

我曾经做过一次手术,那是一段宛如现代巫术降临的身心体验。手术不大,但需要全身麻醉。当我一个人躺在担架上,被盖上一床白色的厚厚的被子,被推进那扇闪着"手术室"三个字的神秘大门的时候,我有一种强烈的无力感。按我的想象,这门背后应该是摆着各种复杂仪器、吊着大灯的操作台，然而，当我真正被推进去的时候，却发现里面是七弯八绕的深邃洞天。于是，我又开始担心起来，希望推我的那位大叔不要迷路，不要撞墙，不要走错房间，不要把我交给错误的医生……

等到大叔终于停下来的时候，我再次"绝望"地发现，等待我的并不是主刀医生，而是传说中的麻醉师。这位麻醉师看起来年纪不大，似乎是个小哥，口罩遮住了他的面容。他很认真地翻完了厚厚的一摞资料，确认手术可以进行，然后来到我面前，娴熟地扎好了针，吊上了一瓶生理盐水。正当我琢磨这麻醉药到底会从哪里打进去的时候，小哥开始用低沉的声音对我"施展魔法"：现在我开始给你加麻醉了啊，你可以开始数数，数到30的时候，应该就晕过去了。机械如我，开始乖乖地数：1、2、3、4……刚数到15，我就不省人事了。等再醒来的时候，手术已经顺利完成，而我已经被送回了病房。

至今我仍旧认为，这是深深影响了我认知的一次人生经历。我把自己交给了完全不熟悉的专家系统，而那位麻醉小哥的一系列操作，和我想象中的巫术又是那么接近。现代医学固然有自身的一套知识系统，但对于病人而言，这套系统是难以把握的，和原始社会巫师念的咒语一样高深莫测。我的医生们用巫术一般的操作，治好了我的病。

然而各类高深莫测的抽象系统、科学知识，也无法解释所有的现象，不可知与不确定仍然处处可见。即使是已经高度发达的现代医学，对人体的认识仍旧是很有限的。有个消化科的医生朋友告诉我，他在临床上曾经遇到过一个病人，经检查被确诊为早期胃癌。由于家庭条件等因素，病人当时并没有接受治疗，过了段时间再检查，竟然痊愈了。在这位医生看来，这完全无法用医学知识解释，但它就是发生了。更有趣的是，在第二次检查结果出来之前，这个病人还躺在床上哼唧，结果一说没事了，病人立马跳下了病床，觉得自己浑身哪儿哪儿都好。

前面提到的另一典型抽象系统，金融行业，虽然它的运作高度理性，但同样存在着很大的不确定性。以其中的一个分支量化金融为例，它的原理是基于过去的数据，建立模型，预测将来。模型的准确率可以达到60%—70%，可以说，如果时间足够长，利用它是可以赚钱的，但在短时间内，终究是谁都不知道下个礼拜或下个月，按这个模型买的股票会不会跌。上海的陆家嘴，汇集了国内外各大金融机构。摩天大楼、滚动的指数大屏、精英人士，总之那儿给人一种通过金融知识就可以有所把握的确信感，充满理性的气质。但就是在这个行业、这个地方，存在特别迷信的情况。在那儿工作的朋友告诉我，那里的人穿衣是有讲究的，尤其是在特殊节点，至少绝对不会穿绿色。因为绿色在中国股市里意味着跌，红色意味着涨。当一家基金公司业绩不好的时候，老板可能会花巨资请"大师"来"算算"是不是"缺了点什么"。有家公司，大师说办公室"缺水"，于是，老板订做了巨大的瀑布。装修工人把它扛到了十几楼，还专门装了排风扇，确保把瀑布的水汽吹到老板那里。你会不会有点哭笑不得，就和初看阿赞德人的巫术实践那般？但这些金融人士同样是认真的。

这样的例子，在现代人的生活中比比皆是。理智上，人们可能很难真的相信巫术的存在，但在现实中，又经常会不自觉地相信巫术甚至做点巫术。就像这些年社会上，尤其是年轻人间的"寺庙热"，这并不是简单的相信神灵存在与否的宗教问题，而是面对外部环境、风险社会的一种回应，从心灵、精神层面求个心安与寄托，并给自己一种积极的心理暗示。

无论生活在何时何地，人多少需要点儿确定感。这种确定感为生活建立秩序，也提供一定的意义。然而，这恰好是现代文明难以给予的。现代文明强调的是效率，是理性，但任何理性的计算，都无法规避那概率极小的误差——虽然概率极小，但当它落在某个个体身上的时候，便是摧毁性的。这使得人们永远会在内心深处担心自己成为那0.01%。社会学家贝克（Ulrich Beck）曾经说过，"生活在现代社会，就是生活在现代文明的火山口"——当代社会，人们不知道风险何时会爆发；并且风险在爆发前经常无声无息，毫无预兆；而一旦风险爆发，伤亡惨重。[34] 正因此，自认为科学理性的现代人，同样需要神秘的方式，来安置自己的内心。

甚至，一些欧美国家，部分认可了巫术的功能。在美国加利福尼亚州，有一个赫蒙人（赫蒙，Hmong，原为中国苗族的一个分支，大多在 20 世纪七八十年代迁入美国）聚居的传统社区，那里的医院收治的病人，在接受正常医疗救治之外，还会请巫医来做法事。用他们的说法，叫"西医救身，巫医救心"。我国一些农村地区也存在类似的情况，比如在我国西南山地到老挝北部地区这一带生活的阿卡人（阿卡人是典型的跨境族群，在我国境内，他们是哈尼族的一个支系，自称阿卡，在老挝境内称 Akha）中，流行一种叫"拴线"的风俗。如果有人生病了，当然是需要去医院的，但从医院回来之后，村子里的亲朋好友还要到病人家里，每个人给他／她手腕上系一根线，表示祝福。这也是在为病人提供一种安心感。

这里说到的安心，是广义上的巫术带给人们的心理慰藉。从人类本性而言，每个人都希望能控制生活中的风险，也希望能够在一定程度上把握未来，但无论在哪一个社会，哪一个时代，风险都无法被完全控制，未来也无法被完全把握。阿赞德人用巫术为自己创造了一套解释系统，让自己安稳生活于其中，而倡导理性科学的现代人，也在用各种方式寻找内心的安置。当我们在接触多少带有神秘色彩的事物时，也是想通过它们，窥探到一点关于自己和未来的奥秘。

⊙ 重返万物有灵

20世纪90年代开始，此前被泰勒视为原始人落后标志的万物有灵论，忽然受到了更多的、新的关注——人们对现代文明感到越来越不满，并认识到人类似乎做错了很多事情。诚然，现代科学帮助人类理解了自然现象，拥有了利用自然、改造自然的能力，然而，这些能力也使人类越来越傲慢，越来越陷入自我／人类中心主义，开始觉得可以随意利用自然为自己服务，进而对地球生存环境造成了极大破坏。北极的冰川开始融化，温室效应的副作用越来越明显，非洲大草原的动物被迫迁徙甚至灭绝，亚马孙森林遭遇了千年未见的大火……有一些清醒的人们开始反思，人可以为所欲为，肆无忌惮地改造自然吗？可以随意屠杀动物，把它们当作食物，或者把它们身体的一部分取下供人类把玩吗？

在这样的反思中，现代人忽然意识到，当人类社会自以为可以奴役万物的时候，却陷入了日益严重的心灵危机。而之前被他们看不起的万物有灵论，似乎能使人拥有与自然更和谐的相处方式。当人类不再认为自己是居高临下的生物，而是相信人类只是在与万物共享同一个世界的时候，对于自然万物，便会多一份敬畏和慈悲，面对平时认为难以接受的事，也能多一份平和与安宁。

于是，万物有灵有了更多的理解空间和启示意味。在我国景颇族中，流传着这样的起源神话：宇宙起初是一片漆黑与混沌，雾露与云团悄然形成后，由他们生下的一对阴阳神诞下天地星辰、黑暗与光明，黑暗神与光明神又生下人类始祖与风雨雷电。尔后，人类始祖彭甘支伦（音译，男）与木占威纯（音译，女）不断繁衍，生下了各个民族，与自然事物组成了整个世界。人，与世间其他万物一样，都是从最早的创世神灵那里生出来的。

因雾露与云团具有灵力，随后被创造的万物也皆如此。这种灵力以实物为载体，能结合也能分离，景颇人称之为"纳特"（nat）。纳特世界分为天上与地下：天上有日月星辰等神灵，其中太阳神最大；地下则有地、山与植物等神灵，其中地神最大。所有可见的实体之所以能够存在，都是因为分享了纳特，植物如此，动物如此，人，也同样如此。因此，人并不比天地星辰或者植物动物更高贵，人需要小心翼翼地和世间万物共处。景颇人还相信，人去世后最好的归宿，便是让身上的纳特与肉体分离，让肉体自然腐败，让附着于肉体之上的灵回归于世界，这样，它就可以再与其他生物结合。[35]因此，在景颇族人看来，死亡并不是一件悲伤的事情，而只是意味着本来附着于人身上的灵，回归了自然界，等待与其他生命再次结合。在他们的传统葬礼上，没有哀号，没有眼泪，他们只是平静地接受亲人的离去。

  人只是地球上万种生灵中的一种，自然，人没有资格去肆意挥霍地球上的资源，也没有必要过分执着于自身。不知还有多少人记得，电影《阿凡达》里面那个可以用头上的辫子和生灵进行交流的部落，那是否是我们失落的心灵与世界？

第五章

边界

世上有各种各样的人，也就有各种各样的差异。外表上的差异很容易被看见，生活习惯、宗教信仰等差异，虽没有那么直观，但大家也都知道它们的存在。但这些差异一定会将人区隔成一个个小团体吗？曾经，黑人与白人之间有着很强的种族区隔，现在，黑人与白人结婚也不是什么奇怪的事情；在全球性的公司，说不同语言、吃不同食物、穿不同服饰的人会在一起工作、聊天、吃饭，还可能成为好朋友。

看来，边界的诞生，并不一定是因为差异本身会让人相互隔绝。可是过去，或者说今天仍然存在的，那些人与人之间的区分甚至区隔，又为什么会发生？重要的，是关于差异与边界的想象和建构。

⊙ 边界如何生成?

最初,在遇到与自己不同的人时,人们习惯性地会用外在可见的标准区分彼此,比如肤色、体格、眼睛颜色、颧骨高度等。种族(race)便源于这种从体质上对不同人做出的区分。种族的概念曾盛极一时,其中,以林奈(Carl von Linné)的人种划分为代表。1735年,这位瑞典生物学家依据肤色和地理分布,将人类划分为四个亚种(subspecies),俗称"四大人种":亚洲的黄色人种,欧洲的白色人种,非洲的黑色人种,美洲的红色人种。后来的科学家虽然不断修正种族分类,但大体的框架始终如此。也是在这样的分类中,中国人成了黄种人。[36]

作为生物科学概念的种族本身并没有什么问题,然而,到了19世纪,它却被用来为文明等级论背书。这一时期,物竞天择、适者生存等自然法则被引入到人类社会之中,在新的社会进化链条中,西方人被认为处于最高的位置,非西方人,则被视为低等的、劣质的,甚至,应该被淘汰的。这种极端的种族主义思想,也成了二战中纳粹屠杀犹太人的"正当理由"。在他们看来,犹太人是污染雅利安血统的不洁之人,除掉他们是为了优化雅利安种族。

种族主义带来的恶果,让全世界都感到震惊。因此,二战后,联合国教科文组织召集了一批世界著名学者,起

草和发表了《关于种族的宣言》。1965年,联合国大会又确立了《消除一切形式种族歧视国际公约》,公约写道:

> 深信任何基于种族差别的种族优越学说,在科学上均属错误,在道德上应予谴责……无论何地,理论上或实践上的种族歧视均无可辩解。重申人与人间基于种族、肤色或人种的歧视,为对国际友好和平关系的障碍,足以扰乱民族间的和平与安全,甚至共处于同一国内的人与人间的和谐关系。深信种族壁垒的存在为任何人类社会理想所嫉恶……决心采取一切必要措施迅速消除一切种族歧视形式及现象,防止并打击种族学说及习例,以期促进种族间的谅解,建立毫无任何形式的种族隔离与种族歧视的国际社会。[37]

这项公约发表之后,世界各地都掀起了不同程度的反种族主义运动,体质上的差异不再成为区分人优劣的标准。随即,此前人们习以为常的种族分类也开始被质疑,如有学者通过知识梳理指出,中国人之所以能接受自己被称为"黄种人",并非皮肤真的有多黄,而是因为黄色在传统文化中的意象是美好的,具有正面甚至尊贵的意涵。相较而言,人种和我们较接近的日本人,在明治维新后"脱亚入欧"的大背景下,拒绝被归类为黄种人,而标榜自己是白种人。

在意识到种族一词带来的问题之后，另一个描述人与人之间差异的概念出现了，即族群（ethnicity）。从词根上来说，族群这个词有少数、异类之意，通常，它被用来指代某个社会中的少数人群。在一段时间内，研究族群的学者认为，族群边界是由客观的、可见的、可判定的文化差异决定的。然而，一位名叫巴特（Fredrik Barth）的挪威人类学家挑战了这个说法。

巴特曾在巴基斯坦北部边陲的斯瓦特河谷（Swat Valley）做过长期的田野调查，研究斯瓦特巴坦人（Swat Pathans）的政治组织过程。1967年，巴特在选定一场同行讨论会的主题时，想到了他曾经接触过的一位库尔德朋友——这位朋友认为自己既是库尔德人（Kurd），又是阿拉伯人和土库曼人，也就是说，他认为自己同时是当地三个族群的成员，并且认为这是自己的优势。由此，巴特对族群归属问题产生了强烈的兴趣，并在这次讨论会后，提出了他最著名的"边界建构论"。用一句话概括巴特的族群理论："族群是当事者本人归属与认同的范畴。"[38] 这句话，出自他主编的《族群与边界》一书的导言。这篇导言并不长，但几十年来一直是有关族群问题最重要的文献之一。

就在《族群与边界》英文版出版的1969年，另一位人类学家科恩（Abner Cohen），用非洲的一个案例佐证了巴特的想法。[39] 科恩研究的是非洲的豪萨人（Hausa），他指出，豪萨人族群边界的形成，不是源自什么客观文化差异，而是和当地的可乐果与牛群贸易有关。这两样物品的贸易线路非常漫长，往往跨越多个地区，并涉及大额金钱，豪萨人在长达上百年的时间里，利用族群内部的联结，形成了对这条贸易线路的垄断。同时，在与当地约鲁巴人（Yoruba）的竞争中，他们不断完善自己的社区结构与制度，族群内部越来越团结。所谓豪萨人这个族群，是在社会互动情境下，由当事人主观认定、建构并主动维持的，其内涵也是由当事人主动赋予并不断更新的。在这个过程中，起决定性作用的不是差异本身，而是豪萨人自己对差异的利用与阐释。上面提到的日本人认为自己是白人，不愿意被赋予黄种人的称谓，也再次说明差异与边界不仅是客观的，还有着很强的建构性。

豪萨人是自己为了营造一个贸易团体，建构了自己的身份；而族群身份，也可以是由"外人"赋予，并逐渐被群体成员内化的，上海的苏北人便是这样的情况。历史学家韩起澜（Emily Honig）有着关于苏北人的经典研究。1979年，她来上海研究纺织厂女工的时候，发现女工间存在着对苏南苏北的区分，还有苏南人对苏北人的偏见。她对此产生了兴趣，想写一本关于上海的苏北人的历史的书。结果，在搜集材料的过程中，她发现史料里几乎没有关于"苏北"的记载，甚至周围人说起"苏北"的时候，也是各说各话。最后,她放弃了对苏北人"正史"的研究,转而去探讨苏北人这个族群类别的建构过程。她的《苏北人在上海,1850—1980》,即研究"苏北"是如何被制造出来的,"苏北人"这个族群的边界是怎样形成的。[40]

根据韩起澜的考证,苏北这个称呼最早源自19世纪中期的上海。那时候,上海刚开埠,各地的人都汇聚在上海,有些是所谓的精英,来寻求更好的发展机会,而从苏北来的人,基本上是因为当地饥荒、水灾逃难而来的。刚来上海的时候,苏北人住的一般是今天说的棚户区,从事的工作多是底层的——车间工人已经算是不错,大部分苏北人都做着和"三把刀"有关的工作,三把刀即剃头刀(理发师)、菜刀(厨师)和修脚刀(修脚工)。

苏北人,最早是精英集团叫出来的。当时生活在上海的外国人常把中国人描绘成"不文明"和"落后"的,而原籍为浙江、苏南等地的上海人为了证明自己的文明,一方面努力向外国人靠拢,另一方面制造出苏北人这个他者来映衬自己。上海的大多数非苏北籍人相信,尽管长江以北各个地区之间存在经济、语言和文化差别,但江苏北部的人具有共同的身份和经历,因此,他们可以被视为一个同族集团,即苏北人。从这个名称出现开始,苏北就成了上海生活中众多不合口味的东西的代名词,苏北文化也和棚户区一起,成了其他上海人瞧不起的边缘存在。例如,尽管在清代，扬州有着美女摇篮的美誉，但那个时候，因为它属于苏北，扬州女人还是会被认为不够妩媚，说话不如苏南女人悦耳动听；《上海春秋》，当时一本评价各地饮食的书，里面写道，"扬州/镇江菜一度在江南江北家喻户晓，但其烹饪方法保守，逐渐被人们看不上眼"；甚至苏北的戏剧，都不能在正规戏院里演出。

苏北人自己呢？大多数苏北人在来到上海之前，从来没有听说过苏北这个具有特定内涵的说法，他们的地域认同只关乎自己具体出生的地方，比如盐城、淮安、扬州。在发现其他上海人会用苏北人来概括自己之后，他们并没有立刻接受这个新身份。可以说，在那个时候，苏北人还只是所谓的上海人制造出的他者概念，是当时大量非苏北籍的上海人自我界定用的一面镜子，也是一种阶层的隐喻。1932年，日本人开始进攻上海，又有一些上海人将"通敌者"的罪名加到苏北人头上，于是后者逐渐在反驳负面声音的过程中形成了苏北人的群体认同。慢慢地，苏北人发现，形成一个名叫苏北的团体，有利于他们对抗那些非苏北籍的上海人、苏南人。20世纪40年代，以"苏北"命名的社会团体大量出现，苏北同乡会、苏北难民收容所、苏北养老院、苏北义务小学校……1949年以后，苏北人也乐于维持自己的身份，甚至还四处宣传"苏北美"，这个本是被造出来的身份，就这样在日常生活中被逐渐固定了下来。今天，仍有"苏北后裔"以自嘲又坦荡的口吻谈论着苏北文化，不断丰富着苏北人的内涵。

有关族群身份的形成，除了客观的差异，主观上对这些差异的定义甚至夸大可能更为重要，而这种定义，既可能源于族群成员自身，也可能源自外部，这些内外互动的社会环境，是推动族群边界发酵并产生的重要因素。在《身份与暴力》一书中，曾获得诺贝尔经济学奖的阿马蒂亚·森（Amartya Sen）精辟地指出："给人划分类别几乎可以随意为之，但要做到身份认同就难了。更有趣的是，一种具体的分类能否恰当地构成一种身份，还取决于社会环境。"[41]

对此，阿马蒂亚·森举了一个极端的案例来说明。世界上所有在当地时间上午九点至十点之间出生的人，这是一个有着清晰且完整定义的群体，但他们肯定不会因为这个身份定义产生什么群体边界。但想象另一个场景，某个独裁统治者听信了巫师的谗言，说他会被某个在上午九点至十点出生的人杀死，那这位统治者可能会下令限制在这个时间段出生的人的自由。在这样的情境下，这些人很有可能会相互认同，团结起来，抵制可能遭受的迫害。如果这个命令的持续时间足够长，他们便可能形成一个族群，在内部用各种方式加强团结，面对外部则共同反抗不合理的压迫。而社会上的其他人如果相信了谗言，还给这个群体的人贴上"不吉利"的标签，那么内部团结与外部歧视之间又会相互强化，使得群体边界变得越来越牢固，甚至新的群体认同也可能会产生。

这个案例稍许有点寓言意味，我的"兔头族群"离生活更近点。作为成都人，我从小吃兔头长大，觉得这简直是人间美味，理所应当地，所有人都会爱上吃兔头。记得我在北京读本科的时候，一直很想让室友们尝尝兔头。有次我难得坐飞机，兴致勃勃地包了几个兔头带给她们尝鲜，期待她们会和我一样爱上它，没想到她们却很震惊："天啊，怎么会有人吃这个东西？"这在当时带给了我很大的刺激！甚至在很长一段时间内，我觉得自己和她们"不是一类人"。当然，没有人会因为吃不吃兔头这种小事而划分你我甚至绝交，但套用阿马蒂亚·森设想的场景，想象一下，如果有一天，某个商业机构忽然宣布，所有吃兔头的人都可以领到万元津贴。事情会怎样发展？

这时候，像我一样吃兔头的人大概马上会从人群中跳出来大声喊："我要领钱！"而不吃兔头的人可能会形成一个群体，反对这个规则。两边可能会在社交平台上迅速建立很多群组，大家各自在群里呼吁，维护本群体的利益。如果万元津贴很快被取消，这两个群体便失去了各自的共同身份，社交群组最终会沉默，这些故事会变成生活中的插曲；但如果津贴持续的时间足够长，那么"吃不吃兔头"这个原本不重要的差异，可能真的会变成社会上两个群体的差异性特征了。甚至，为了不断确认和强化群体成员的共同立场，人们还会往自己的群体内部努力填充更多的差异性内容，比如饮食习惯、文化风俗等，使群体边界的划定变得越来越有理可据，无可辩驳。

当然，无论是"九十点案例"还是"兔头故事"，都不是现实中的事件，而是一种想象与思想实验。你可能会觉得这种对差异和边界的判断太过武断和随机，但在苏北人的故事里，在判断人种肤色方面，是否同样存在着武断和随机呢？它们是否也是内外环境共同推动的产物？一位美国的大学生曾做过一个实验，他搜集了 30 个人的肤色数据，把它们做成从白到黑渐次过渡的 30 张色卡，让被试人选择，从哪一张色卡开始，肤色就变成了"黑色"。令人惊讶的是，被试人答案的多样性远超预期——到底什么肤色是"黑"，其实很难有一个客观的标准。[42] 这些对差异的断定，看似随意，却仍在多重因素的推动下催生或强化族群边界，其中一个很重要的原因是，不同族群之间存在着相互竞争资源的状态。在资源竞争的环境里，一些本来微不足道的文化差异，也会被不断放大、强化，从而形成他我之分。逐渐地，边界的生成过程被人遗忘，让人以为这一切都是自然的，让人忘记他们以为是仇人的人，其实在不久之前还是朋友。

⊙ 我是谁?

巴特曾经写道:

> 在不同的社会文化体系中,族群分类提供了一个组织容器(organizational vessel),不同的内涵数量和形式都可以被容纳。它们与行为密切相关,但是也不一定如此;它们可能渗透到所有的社会生活中,也可能它们仅仅在有限的活动范围内与社会生活有关。[43]

这句话非常精彩,我们之前往往觉得,族群是一个固定的身份,巴特却告诉我们,它只是一种分类的可能性,至于这个可能性会不会实现,取决于具体的社会环境。

在豪萨人和苏北人的案例中,我们能看到族群从酝酿、形成到不断被固化的过程;但在有些情况下,这个过程并不会出现。从知识社会学的角度来看,族群是将行动转化为身份的过程;可有些时候,人们只关注行动本身,对于身份,并没有那么在意。

人类学家阿斯图蒂(Rita Astuti)便在马达加斯加的维佐人(Vezo)中发现了奇特的现象。[44]这群人生活在马达加斯加的西海岸,主要的生计是出海打鱼。与很多人类学家一样,阿斯图蒂本来想去了解他们的族群观念,但当她到了那里之后，却发现他们根本没有预想中的族群身份。在谈论这个事情的时候，他们会说：只要你出海打鱼了，你就是维佐人；如果哪天你不出海打鱼了，你就不是维佐人了。对于他们而言，维佐人并不是一个固定不变的身份（state of being），而只是行动（activity）的标识。如果一个维佐人离开海边，搬去内陆居住，那么他就不再是一个维佐人；而如果一个外人学会了维佐人的生活方式，学会了打鱼，那这个人就"变成"了维佐人。

维佐人的案例，初看似乎很难理解——怎么会有一种人完全不在乎自己的身份呢？阿斯图蒂认为，如果我们很难理解维佐人的思想，那是因为我们过度陷入了自己制造的概念牢笼，不能体会另一种流变的生活形态。她用一个形象的比喻概括了这种生活："如果要在一个维佐人'体内'寻找维佐人的身份特征，是无法看到的，犹如在看一件透明的物品，视线只能穿透而过。"[45]

如果说巴特是"建构论"的代表，那阿斯图蒂呈现的这个案例更加极端，或许可以称它为"生成论"。建构论认为，族群身份还是重要的，我们需要理解的是它在什么情况下会被建构出来；而生成论认为，身份本身可能是不重要的，它会在社会生活中不断生成，不断变化，根本不需要去认定，去纠结。正如阿斯图蒂自己写道："（我们的）目标是考察其他人群的族群生成理论，而不是假设他们一定有族群理论。"[46]族群这个概念，在某些文化中可能压根不存在，我们真正应该反思的是，为什么我们会把存在特定内涵的族群、身份等概念，视为理所应当。

无独有偶，我在云南迪庆藏族自治州德钦县的茨中做田野的过程中，曾遇到过与维佐人非常接近的案例。茨中，现在已是知名的旅游景点。它的名气，部分源自那座著名的天主教堂，部分则源自带有浪漫想象的法国传教士留下的葡萄酒文化。这是一个纳西族和藏族并存，天主教和藏传佛教共生的村庄，而民族身份与宗教信仰之间，并不是对应的关系——并非所有的藏族人都信仰藏传佛教，所有的纳西族人都信仰天主教，而是呈现出交织的图景。

在茨中，最让我惊异的是当地人表述他们民族身份与宗教身份的方式。一位来自外村纳西家庭，后来嫁到茨中一户藏族家庭的女性说："我原来是纳西族，嫁到这里就变成藏族了。"在这里，藏族的身份是可以"变成"的？而说起宗教信仰，他们有时候会说自己"信"某个宗教，有时候则用另一个更加生动的词汇，"搞"。一名男子曾经告诉我："我的媳妇本来搞天主教，嫁过来之后就跟着我搞佛教。"紧接着又加了一句："一家人，两个教，搞不成，要搞成一个教。"茨中人的"变"和"搞"，也是在按照行为方式定义自己的身份。

相比于"出海打鱼就是维佐人，不打鱼就不是"的马达加斯加，在茨中，个人的族群和宗教身份改变与否，依据的是嫁娶的婚姻规则。在村民们看来，一个人嫁入了另一个家庭，就需要根据这家人原有的民族、信仰来改变自己。特别值得玩味的是，这样的改变，无关内心，而是指外在的行为方式。所谓"变成藏族"，只是意味着按照藏族的方式生活；所谓"搞佛教"，不过意味着要去佛教的寺庙，而不是天主教堂。与此相对的是，当地人对信仰背后的教义等并没有什么深入的理解，甚至也没有什么理解的兴趣。

我曾询问过许多当地人："天主教和藏传佛教有什么区别？"一般来说，他们的第一反应竟然是：没有什么区别。再追问下去，我便得到了五花八门的答案。"天主教的人每个礼拜天去念经，佛教的人就休息。""天主教有事就请神父，佛教就请喇嘛。""佛教用哈达，是献给活佛，耶稣教（天主教）用哈达，是献给耶稣（天主）。"我又不由得多问："那么，教义上呢？""没有什么区别，都是教人做好事的。"

如果说对教义的理解涉及真正的内心信仰，那这里的"没有什么区别"，恰好说明了当地人并没有对内在、being 的执着，相反，对他们而言，天主教信徒和藏传佛教信徒这两种群体，是通过外在行为来区分的，这就使得族群身份可以根据不同的外部环境而变化。

无论是阿斯图蒂笔下的维佐人，还是我实际接触的茨中人，他们都有一个共同的特点——不为自己的内在身份焦虑。反观生活在现代社会的我们，为什么却往往急于确认一种内在的身份属性？这既有哲学上的根源，又与现代性的特征密切相关。现代哲学告诉我们，每个人都有一个内在的自我，being，它关乎个人存在的定义，外在行为只是对这种内在状态的表达。

当代哲学大师查尔斯·泰勒（Charles Taylor）曾对现代社会中的自我观念进行过深刻剖析。[47]他指出，在现代社会中，自我获得了前所未有的重要性，每个人都需要在与他人的交往中界定自我。而现代社会的分工又极为复杂，为了简化自我界定，一个个标签式的身份诞生了。"我是中国人""我是汉族""我是老师"，人们用这样简单的身份标签标明自己，也用这样的标签认识他人。进而，每个特定的身份，会被赋予特定的角色、期待以及社会行动模式。"我是中国人，因此，我用筷子吃饭。""我是学生，因此，我要好好学习。"这都是因身份而产生的对社会行动的预期。在复杂的社会中，身份是认识一个人最简单直接的方式，知道彼此的身份，对社会行动便有了确定性的预期，也就有了稳定的社会秩序。

但同时，身份的确定性给个体带来了焦虑。身份一旦确定，往往不能随意更改，我们不像茨中人或维佐人一样，用行动来界定身份，成天变来变去，更多时候反而需要不断调适自己的外在行动，从而与身份相符。当我们说，某

第五章 边 界

个人做的事不符合他/她的身份时，其实是在用"身份说"要求那个人，同样地，他人也会用"身份说"要求我们。身份就像是一个个框，它定义了我们，也限制了我们。这是现代社会无法摆脱的身份牢笼。

⊙ 族群的多重维度

到这里为止，我们讨论的其实都是自然状态下的族群边界，事实上，还有另一个不可忽视的因素，即当今的国家——当代世界上的绝大多数国家，都不是由单一人群组成的，这就面临着在国家内部怎么定义这些群体、怎么分配资源的问题，尤其对于非主流群体来说，这些问题更是突出。面对这一现实，一般有两类政策导向：一是同化主义，即消解境内人群的差异，让各族群向主流文化靠拢，甚至完全融入其中；二是多元文化主义，即承认内部差异，并给予非主流群体相应的保护政策与政治地位。二战后，在新保守主义的政策导向之下，同化的理念一度占据主流。20世纪七八十年代，社群主义思潮在政治学中兴起，强烈批评了这种无视差异的政治政策。由此，以北美各国为代表，各国家、地区开始对族群政策纠偏。

多元文化主义的核心观点，概而言之，便是承认基于群体身份的差异。正如泰勒写道：

就平等尊严的政治而言，它所确认的原则普遍地意指同样的东西，就像一只装有权利和豁免权的同等大小的篮子；就差异政治而言，要求我们给以承认的是这个个人或群体独特的认同，是他们与所有其他人相区别的独特性。这种观点认为，正是这种独特性被一种占统治地位或多数人的认同所忽视、掩盖和同化，而这种同化是扼杀本真性理想的罪魁祸首。[48]

在泰勒看来，此前的自由主义观点是建立在"无差别的个体"基础上的，然而当一些族群以独特的群体身份进入到现代政治中时，国家需要保护这些群体的相应权利。我国针对少数民族的优惠政策，也是在这样的背景下制定的。同时，当国家通过制度性的规定，承认了特定群体之后，这个群体的范畴就被固化了，并会形成一种确定性的知识。我们从小到大使用的课本里都会写，我们的国家是由五十六个民族组成的，这是官方对群体的一种分类。

不过，在现实生活中，群体边界显然没有那么固定，就像维佐人或茨中人那样。这里头有着更复杂的历史、现实、情感等因素。仍旧是云南最西北角的德钦县，我在那里做调查的时候，曾接触过一个自称"藏回"的族群。这个族群人口很少，按照当时的人口统计，只有36户100多人。

德钦县属于藏区，传统上多藏族人聚居。到了清朝晚期，来了一群回民。因为有个回族老板在这里发现了一座矿山，计划挖矿做生意，但当地的藏族人认为他们的山都是神山，不可以动，老板只能从陕西、山西等地雇回民来挖。后因矿山倒塌，绝大多数回民青壮年遇难，只留下了一些老弱病残和小孩。在这之后，藏民与回民的边界在德钦就逐渐打开了。回民要生存下去，需要和当地的藏族人通婚，逐渐地，他们自称为藏回，意思是生活在藏地的回族。随着一代代人的通婚融合，现在的藏回，有时也会和藏族人一起去庙里烧香，去转山，但如果你去到一户人家，看到墙上贴了"主圣护佑"，就知道这家人祖上是回民。

本来，他们世世代代生活在这里，当地人也都知道藏回这一称呼，没有什么问题。但根据目前官方划定的民族身份范畴，就会出现一些需要做选择的情况。当外来人接触藏回时会问：你是藏族？还是回族？当他们为自己或孩子申请各类证件时，也会面临这个问题。因此，在近二三十年间，这些藏回一直面临着身份定义上的挑战。大部分人把自己的官方身份定义为藏族，在家里仍旧保留着回族的根。

在社会生活中，族群现象远比官方范畴中的内容更丰富多彩。任何一个人，都有需要归属于某个群体的时刻。除了由地缘、血缘等划分的天生群体，现代社会中的个体在选择群体归属上，更大程度地具有能动性。法国社会学家玛菲索利（Michel Maffesoli）曾指出，前现代社会的各种同业行会、社团或其他群体，构成了人类学所定义的原始社会中的部落，个体在其中没有多少选择自由，需要遵从社群的秩序和仪式。在现代性的条件下，个体在不危害他人的情况下，可以自由地遵循自身偏好行事，并为自己选择相应的社群，这时的社群往往不再由传统的宗教、社会阶级、职业范围来定义，也不是民族这样的由政治定义的团体，而是相当活跃且多元的。

于是，现代人固然难以摆脱身份的焦虑，但这种能动性与现代社会群体的多样性可以在一定程度上缓解这份焦虑。能动性意味着个体的解放，也意味着更大的责任。与相对固定、稳定的传统社会环境相比，如今外部情境不断发生变化，关于身份的形塑与表达会有极大的不稳定性，新的族群边界可能不断生成，旧的族群边界亦可能不断消失。在这个意义上，人们的 being 已很难再是一个确定的状态。人从出生之时起，定义自我就是一个不断变动、寻找、becoming 的过程，这是贯穿现代人一生的宿命。

如今活跃且多元的社群，有时甚至只是短暂出现的表象群体，玛菲索利认为，将这类"部落"联系起来的，是一种共享的激情或品味，它可以围绕某位明星组织起来，也可能是某些人的共同爱好。[49] 这么说来，"饭圈"不正是一种现代社会的典型族群吗？当人们在短时间内为某个明星狂热或追逐某种风潮时，他们会形成一个有边界、有认同的族群，甚至还会和其他族群产生冲突。但很快，当明星的曝光度降低或风潮过去，对应的群体便可能声音减小甚至散去。今天的族群确实呈现出很强的流变色彩，聚散仿佛都在眨眼间，但族群现象本身以及现象背后蕴含的道理，还没有发生本质性的改变。

人，终究是集群的动物，集群的时候，便会划定"我们"与"他们"的边界。在这个意义上，边界与族群现象永远不会消失，只是，在不同的时代语境和社会生活中，会有不同的表达。人与人之间的差异更是不可能消失，但它带来的结果是相对而论的。在极端的环境下，一个很微小的文化差异都可能被无限放大，进而导致族群冲突；而在包容的社会环境中，文化差异完全可以被社会制度整合。当我们谈论某个族群、群体的时候，最重要的是意识到，族群标签并不是自然而然、无法改变的，而是有着复杂的生成过程。

在国家与社会之外，若我们的视野再开放一点，会发现有些地方甚至会把精灵、动植物、鬼神等"非人"和人视为同一个族群。因为在当地人的宇宙观里，这些存在物和人类共享同一种本源，会和自己的生活发生千丝万缕的联系。例如，马来西亚森林中的知翁人便持有这样的观念。而同样是人的马来人和华人，却因离知翁人的生活很远，反倒没有被他们视为同类。[50]

看来，当我们讨论族群的时候，视角始终还是人类中心主义的。如果我们本就相信，人类当与精灵、动物、植物共享一个世界，我们的观念边界，是否会呈现出不同的样态？在宇宙的维度里，对于边界的想象又能够抵达多远？

第六章

象征

和平鸽是和平的象征；订婚的时候要买个钻戒，钻石是爱情永恒的象征……象征这个词听起来很抽象，但作为现象却无处不在。在最简单的意义上，象征是用一个（通常是）具体的东西指代另一个（通常是）抽象的东西。有了鸽子、钻石，和平、爱情这些听起来抽象的概念，就被具象化为可见、可感知的，更方便人们理解。

国旗是又一种典型的象征。国旗，表面上看是一块绘有各种图样的布——可它往往能激发强大的情感力量。在天安门观看升旗仪式或是奥运会上五星红旗伴着国歌升起的时候，很多中国人会不由自主地激动，甚至落泪，反之，看到别国国旗，就没什么感觉，更不会引发内心的波动。这是象征的力量。从内涵上看，中国的国旗，从颜色到五颗星星，都各有象征意义，其背后又有历史、文化等来龙去脉。中国有14亿多人口，绝大多数人之间并不相识，但因为大家都明白五星红旗的含义，知道它是祖国的象征，于是，一面国旗可以让数不清的在生活中彼此陌生的人，产生相似的情感，寻得共同的归属。世界上还有很多国家用三色旗，三种颜色一般象征不同的意思。这些三色旗经常搞得我们眼花缭乱，但那个国家的人，自然会知道国旗的含义，并在情感上与它关联。

每个人都生活在充满象征的世界中。象征从何而来？在我们的社会生活中，它是怎样发挥作用的？甚至，如何让我们的心理、情感产生波澜？

⊙ 国旗还是布？

使用抽象符号的能力是人类区别于动物的标志之一。动物会感知世界，人类则能够抽象地思考，并在抽象符号系统的基础上，表达对这个世界的认知。象征的英文是symbol，和符号是同一个词。在远古时代，人类的祖先便会用象形符号，在岩壁上刻下关于自己活动的记录或者表达一些意义。这些象形记号是最早的传递信息的符号。那个时候，符号和要表达的事物本身还是比较相近的，甲骨文被叫作"象形文字"，便是这个意思：甲骨文里的"兔"字就像一只骄傲地抬起头的小白兔，而"牛""羊"字里都有竖起来的角，"蛇"字则像蛇扭起身体的样子。逐渐地，文字体系离早期象形时代的特征越来越远，变得越来越抽象，但其本质和功能，暂时没有发生根本性变化。

语言文字是最基础的象征体系，其他象征体系的生成遵循类似的特征。以红绿灯这套常见的象征来说，色谱本是连续的统一体，而人们从这里面提炼出了红、黄、绿。用红色表示停止，一方面是物理原因，红光更容易透过空气传至远方，而能从远方看见"停止"信号对交通安全来说极为重要，类似地，人眼对绿光也很敏感；另一方面，从象征意味来说，红色给人的印象往往强烈，血是红色的，也容易让人联想到危险，绿色则相反。人们还加入了黄色这个具有过渡意义的信号，在光谱中，黄色恰处在绿色和红色之间。如此一来，本是自然的颜色就被人为地分割成段落，并被赋予了各自的意义。

从自然界中提取符号，并赋予其意义，这是创造象征的过程。20世纪著名的结构主义大师列维－斯特劳斯（Claude Levi-Strauss）精辟地指出，象征是代表人类思维的特殊标志——人类创造出象征，并用约定俗成的意义来传递信息，达到相互之间的交流和理解，这是人类思维的根本特征之一。[51]

但并不是所有的象征都如红绿灯一样"普世皆准"。拿语言这套基础而古老的象征（表意）系统来说，它是不同文化间不通用的代表。语言学里有一对概念，叫"能指"和"所指"。人们看见了一颗苹果，苹果，是所指，而象征苹果这个所见之物的文字符号，是能指，中文是苹果，英文是 apple，德文是 Apfel……显然，同一个东西（所指）在不同的象征系统里可以有不同的表达（能指）。如果我们不了解另一种文化语境，就无法理解对方在说些什么。类似地，行为也是如此，同样是表示友好，中国人习惯握手，法国人则习惯亲吻。

可以想见，如果身处不同象征体系中的人相互接触，又不理解对方的象征体系，就会发生各种让人啼笑皆非的误会。回到国旗的话题，过去，在英国人和毛利人之间，就有这么一桩好玩的事。[52] 英国曾是"日不落帝国"，毛利则属于新西兰的一部分。1840 年，英国人占领了毛利地区，并在欧洲人聚居最多的海湾插上了英国国旗。毛利人显然对英国人的占领不满，从 1844 年 7 月到 1845 年 3 月，他们在一位当地英雄的领导下不断起义。

这些起义一度取得胜利。但有趣的是，毛利人每次把英国人赶跑之后，对英国国旗都表现得很淡漠，反而对旗杆更感兴趣。甚至，在一次进攻中，起义者推倒了旗杆之后，满意地把英国国旗完整地交还给了殖民者派在那里守卫的人。这个举动，让英国人瞠目结舌。毛利人这么做并非出于某种道德因素，而是他们那时候还不知道什么叫国旗。

对于他们而言，国旗只是一块绘有图案的布；在他们的文化里，标志着对一块土地享有主权的，是有栅栏围绕的神坛。在毛利语里，这神坛叫"土阿胡"（tuahu），里面需要竖起一根或几根柱子代表他们对这块土地的所有权。这是毛利人的神圣禁地。于是，他们把英国人竖起的旗杆理解为那根象征占领的柱子，只要旗杆倒了，上面的那块布就无足轻重了。

这当然是则古老的故事，但它足以说明，不同文化在理解同一对象的象征意义上，差异可以大到什么程度。

⊙ 唤醒身体和情感

一个社会若想存续，需要它的成员的热爱。可对于普通成员来说，"社会"，太抽象，太庞大。它在哪里，要怎么和它产生心理联结？每个社会都有自己的各种象征体系，在某种程度上，正是它们构筑了社会的边界；而以热爱为代表的这种关联个人与社会的心理，往往可以通过象征符号来投射。社会是如何通过一套套象征体系，变得可感、可知、可爱的？社会学家、人类学家涂尔干，对这个问题作出了精彩的回答。

涂尔干和韦伯、马克思被并称为现代社会学三大家，他对于社会规范和自杀的研究负有盛名，这里要介绍的是他的澳大利亚图腾研究。在涂尔干看来，图腾是社会的象征符号。现代社会充斥着各种各样的象征并发挥着作用，这当然不假，但象征如此繁复，要理解其本质，不妨回到事物最原初、最简单的状态，即原始社会中的图腾崇拜。

我们多半在博物馆或探险小说中看过图腾，它是原始社会中氏族的象征。每个氏族都会有自己的图腾，并把它奉为神物。如果一个氏族以熊为图腾，那每个成员都可能会把与熊相关的图案文在身上，装点在生活物件上，还会在一些仪式上把自己装扮成熊的样子。澳大利亚的部落也盛行这样的图腾崇拜，他们一旦选定了某种动植物作为图腾，就会崇拜它，并举行热闹的仪式表达自己的崇拜之情，即"集体欢腾"。在《宗教生活的基本形式》里，涂尔干用了大量篇幅描述这种集体欢腾的场面。

集体欢腾是独立于日常社会生活之外的。在日常生活中，乏味的经济生产占主导，人们为了谋生去采集和渔猎，日子千篇一律，缺少激情。到了举行集体欢腾的时候，人们平时压抑着的激情就会被释放出来。有些人会像"疯子"一样到处狂奔，任意胡为；有些人会哭号、尖叫，在土堆里打滚；还有些人四下乱撞，咬自己，猛烈地挥舞胳膊，诸如此类。有一个以蛇为图腾的氏族，会在举行仪式时给成员们插上红色的绒羽，以象征蛇，在夜幕笼罩之下，人们唱歌、跳舞，围着土墩敬拜，大呼小叫，直到天色渐明。

关于日常与狂欢的交替，我们还会谈到（详见第八章），在这里，先聚焦于图腾。涂尔干在澳大利亚做田野调查的时候，便参加过很多这样的集体欢腾仪式。每一次，他都会感到困惑：这些人是在发疯吗？他们这些激烈的情感，指向的是什么？他们真的相信那个图腾有神圣力量吗？还是出于别的原因？

经过深入调查和思考，涂尔干意识到，崇拜图腾，其实是在崇拜图腾背后的东西，即氏族。氏族是这些人出生、成长、生活的社会团体，和生活的每个方面都发生着密切的关系。每个氏族都是一个整体，一个小社会，它需要激发成员对它的热爱。这些看似疯狂的仪式，起到的就是这样的作用。涂尔干写道：

> 图腾就是氏族的旗帜。因此氏族在个体心中所激起的印象，即可靠的和生机盎然的印象，自然就应该被设定在图腾的观念上，而不是氏族的观念上。因为氏族是一个太过复杂的实体，这样粗浅的知性对其全部的复杂统一性是无法清晰地加以表现的……图腾形象以各种形式到处出现，它怎么可能不在人们心中格外鲜明地突出出来呢？它这样被置于场景的中心，也就变成了场景的代表。于是，人们所体验的情感就固着到上面，因为它是情感唯一可以固着其上的具体事物。它不断把这种情感带到人们的心中，甚至在集会解散以后仍能唤起这种情感，因为图腾形象被刻在了

膜拜法器上、岩石上和盾牌上，在集会之后仍然存在。凭借它，人们所体验的激情将永远保持并不断更生。[53]

每一场集体欢腾，几乎都伴随着激烈的情感表达。抽象而复杂的社会以图腾为记号，附着在图腾上；人们在围着图腾欢腾的时候，会感觉他们结成了一个整体。在固定的、不断上演的集体欢腾结束之后，这种情感还会延续到日常生活之中。人们会记得自己在欢腾仪式中的感受，一旦接触到图腾，就会想起曾经的情绪和心理，也就想起了自己社会成员的身份。图腾就像是某种情感、回忆、意识的开关：

> 如果没有符号，社会情感就只能不稳定地存在。虽然人们只要聚在一起，彼此相互影响，社会情感就会十分强烈；但只要集会结束，这种情感就只能存在于回忆之中了，一旦放任自流，它们会日渐微弱……但是，如果把表达情感的活动与某种持久的东西联系起来了，这种情感就会更加持久。那种东西会不断地把情感带入心灵，并激发出这种情感，就仿佛是最初使他们兴奋的原因还在继续起着作用。因而，标记体系不仅对于社会意识的形成来说是必不可少的，为了确保这种意识的延续性，它同样也是不可或缺的。[54]

从这个意义上来说，图腾是以社会为边界的象征符号。它是情感的载体，表达的是氏族成员对于氏族的热爱，进而成为氏族的凝聚力所在。随着社会的复杂化，如今的个体所归属的群体不仅限于氏族，各种群体都需要化身成某种符号。对于某个群体里的成员来说，某种符号是有意义的并会唤起情感，对于另外一个群体的成员就没有这样的效果。

当然，有一些象征是全世界所有社会都接受的，比如前面提到的红绿灯。虽然每个社会都有自己的边界，但总有一些情感与观念是全人类共享的，于是，我们需要在人类这个最大范围的社会中共享一些符号，也就是我们常说的"普世价值"。为了世界上不同社会间的沟通，我们为全人类共享的美好情感和意义约定了一些共同的象征，这样一来，像和平、真善美、爱，就有了跨越种族、跨越社会边界而产生的条件。

⊙ 神话、斗鸡和足球

涂尔干通过图腾研究发现每个社会都有自己独特的象征，以承载社会成员的情感，凝聚社会成员的认同——象征，成了理解与自己不同的社会的钥匙。面对一个个可能有着数不清的象征体系的陌生社会，最主要的破译它们的密码是什么呢？除了图腾，人类学家为我们提供了不止一种途径。

列维 - 斯特劳斯认为是神话故事。在列维 - 斯特劳斯看来，每个社会都有着听起来很奇特的神话故事，人们口口相传的不单是故事本身，更是故事的象征意义，比如圣诞老人的故事关乎生死律令（详见第八章）。这里，我们先大胆地按列维 - 斯特劳斯的逻辑，分析一下熟悉的中国神话，女娲补天。上古时代，只身在旷野中生活的女娲用泥巴捏制出无数小人，随后小人们变成女人和男人并繁衍后代。人，是用泥巴捏成的，这就强调了在我们的文化中，人和土地之间的密切关系，来自尘土，归于尘土。有一天，天空忽然塌下一大块，露出一个大窟窿，人们挣扎于山火与洪水之中。女娲连忙寻找五彩石，补好了天上的窟窿，又用千年大龟的四脚作柱子支撑起塌了的半边天。于是，洪水归道，烈火熄灭，人们载歌载舞，世代传颂女娲的功绩。这番情节便是在说：上天会在无法预料的情况下降下灾祸，但只要人们努力，就可以跨过灾难；人们还会崇拜为人类谋福的英雄，而且这英雄是女性。

传统中国是靠天吃饭的农业社会，通过不断传播女娲补天的神话，一方面人们相信自己与土地的内在联结，另一方面，总有英雄带领、人定胜天的观念扎根。这样的故事给予了传统社会中的人们生活的信心和盼头。相比和平鸽、钻石、国旗，神话所传达的信息更加复杂，不过仍是类似的。当人类社会试图传递一些抽象而复杂的信息，人们便会为此编织出具体的故事，或许故事的细节不断变化，但当故事被世代传递的时候，那些维持人类社会所需要的信息也就流传了下来。

任何一个象征都是会说话的，它所说的并非象征物本身，而往往是更宏观、更复杂的信息，列维-斯特劳斯开启了符号分析的进路。之后，很多人类学家都沿着这条路往前走，但他们破译密码的方式又各有不同。美国人类学家格尔兹（Clifford Geertz）认为列维-斯特劳斯对神话的分析太玄妙了，实在是有点不那么可信。而他找到的理解象征体系的方式是观察一个社会中的公共仪式。

格尔兹认为，虽然每个社会都有林林总总的象征，但总有一些重要的东西，是通过公共性的仪式表达出来的。他的田野点是印度尼西亚的巴厘岛，20世纪60年代的巴厘岛还没有那么为人所知。他发现当地人，尤其是当地男人，都热衷于一项活动，斗鸡：

> 巴厘岛的男人，或者说大多数巴厘男人在他们的宠物身上花大量的时间，修饰它们，喂养它们，谈论它们，让它们相互试斗，或者就是以一种着迷般的赞美和梦幻似的自我专注的眼光凝视它们。只要你看到

一群巴厘男人无所事事地蹲在社区某一机构的房檐下或道路边，摩肩接踵，他们中的一半或者更多人手里都会有一只公鸡，他们把它放在两腿中间，使其轻柔地上下弹跳以增加其腿部力量，让它好像发情似的竖起羽毛，把它推向邻人的鸡以激起它的斗志，然后又拉回到主人两腿之间使其安静下来。[55]

按照巴厘男人的说法，他们每个人都是雄鸡迷，不仅会照顾自己的鸡，像给婴儿洗澡一样给鸡洗澡，精心修剪鸡冠和羽毛，还会把自我投射到自己的鸡身上。据说，在寻找天堂和地狱的尘世对应物时，巴厘人会把刚赢了斗鸡比赛的人的精神状态比作前者，把刚输掉斗鸡比赛的人的精神状态比作后者。巴厘人是斗鸡的狂热爱好者。寺庙节日之前要斗鸡，为学校筹集资金要斗鸡，遇到疾病、歉收、火山喷发等灾害时，他们的反应也是要斗鸡。斗鸡的比赛过程非常血腥残酷，这里就不多讲了。重要的是，当地还存在着围绕斗鸡比赛展开的赌博。

赌博，赌的是钱，但在当地也是一个人身份地位的象征。参加斗鸡的人把这只鸡作为家族、氏族和村落的象征物，所以下注的时候，参与赌博的人必须得下到自己家族的那只鸡身上，亲属纽带越是紧密，就越是如此。按照这个逻辑，如果你的家族没有雄鸡参赛，那么你要按同样的方式支持跟你有关系的群体，可以是亲属群体或你的村子，总之，绝不允许下注到对立的一方。出于同样的原因，很少有两只互斗的鸡来自同一个群体。有时人们会面临难以选择群体的矛盾情况，比如斗鸡的双方，一边是母系亲戚，一边是父系亲戚——你可以选择离开赛场去喝一杯咖啡，以回避参加这场赌局。

格尔兹把斗鸡称为巴厘岛的"深度游戏"（deep play）。它是一场游戏，但又不仅仅是一场游戏。为什么巴厘人会对斗鸡有如此大的热情？传说，巴厘岛上曾有一位伟大的王子，叫刹帝利，他在与邻国王子斗鸡的时候，意外得知全家被篡位者杀害了。他立刻离开比赛，回到家乡，杀死了篡位者，夺回了王位，并建立起强大昌盛的巴厘国。因此，对于巴厘人而言，搏斗的雄鸡是男子气概和力量的象征，他们知道自己在玩火，但乐此不疲。

在格尔兹看来，巴厘人生活中的许多主题——动物的野性、男性的自恋、对抗性的赌博、地位的竞争、集体的兴奋、血的献祭、更深层面的激情和对激情的恐惧等，都被整合进了斗鸡这个象征之中。人们一遍又一遍地用这种形式感知自己的内心，也感知自己所处的社会结构。或许本性中的暴力冲动无法被根除，但在社会生活中，暴力不能永远通过互相打架的方式来发泄，那该怎么办？巴厘人的答案是：那就斗鸡吧！斗鸡作为一种内涵丰富的表达方式，是解读巴厘人的钥匙。虽然不能说理解了斗鸡就理解了巴厘岛的全部,但至少,斗鸡是"什么是巴厘人"的一个重要主题。

斗鸡的公共仪式,看起来和涂尔干讨论的集体欢腾有点类似,它们都是用象征的方式来释放人们的情感,从而凝聚社会。不同之处在于,比起处于氏族社会中的澳大利亚人,巴厘人热衷的斗鸡,层次更加复杂,功能更加丰富。而且,巴厘人不像澳大利亚人那样用自己的身体作为宣泄情感的载体,而是将情感投射到了外在事物——鸡的身上。这恰是现代社会的特征,一些内在于人性但又容易对社会造成伤害的情感,不会再以直接的方式,而是以间接的、象征的方式来表达。比如竞争性,一方面这被认为是促进物质社会发展的要素,但另一方面它又容易破坏社会关系。于是,社会便发明了像斗鸡一样的舞台,让人们的竞争和激情得以尽情释放,同时可以控制为此需要付出的代价。

格尔兹对于巴厘岛斗鸡的观察,后来成为象征主义的经典文本。在阅读这一文本的时候,我的脑子里其实一直都在想着我们社会里的一个类似游戏,足球。作为曾经的球迷,我深刻感受过中国足球的"黄金年代"。大概在20世纪90年代前后,那时候还没有中超,而是甲A、甲B,在我的家乡四川,就有一支甲A球队,曾经的四川全兴。我不确定有多少人还记得这支队伍的名字,但那时,我们对于全兴的感情几乎是疯狂的。作为金牌球市的成都,每次主场比赛时，现场座无虚席自不必说，包机去客场看比赛的大动作，围绕球场不间断的人浪纪录等，都是我们全兴队球迷创下的。1995年，全兴曾在关键的"成都保卫战"，即保级大战中战胜了八一队。那天，6万多球迷硬是涌进了4万人的球场，比赛结束后一位球迷激动到掩面而泣的场景，成为中央电视台足球频道保留的经典画面。1998年，全兴队不知道"打了什么鸡血"，竟然接连战胜了以前在联赛中从未胜过的上海申花、大连万达。在那些胜利的夜晚，球迷的游行车队从市中心的球场一直开到了城市边缘，还不过瘾，又绕着环路环城一周。没有人觉得疲惫，也没有人嫌他们吵闹，整个城市都进入了一种狂欢的氛围。

老牌球迷想必都还有印象，2002年，中国男足曾刷新历史纪录，闯入了日韩世界杯。第一场小组赛，中国迎战巴西，我当时还在北大读书。那天，北大破天荒地开放了三层的农园食堂，打开了巨大的荧幕，球迷们把整个食堂挤得满满当当。国歌奏响的那一刻，所有球迷都不自觉地一起高唱。自然，我们都是逃课去看的，但老师们也没有因此说过什么。虽然那场比赛中国队落败，那次世界杯中国队的总体答卷也惨不忍睹，但并不妨碍我们仍旧热爱足球，并用足球表达对国家的热爱（当然，后面中国足球那一系列伤透球迷心的事件，在这里就不多说了）。

有一句话说得特别好：每次看到足球运动员修长健硕

的腿，就想到了古代的战马，一群人踢球，就好比是在战场上搏杀。足球（或其他竞技体育项目），就是我们这个社会中的斗鸡，激情、竞争、归属、社会的分化与合一等主题，在仪式空间中，通过足球这个象征得到了淋漓尽致的展演。尤其是，它以城市、国家为单位划分了社会边界，宣告了人们各自的归属（成都之于我），将社会间的"竞争－统一"关系渲染到了极致。在比赛中，球员会在规则许可的范围内付出最大努力、用尽一切方式争取胜利，球迷也会疯狂地表达对自己球队的热爱。比如在有些联赛，同城或邻城不同球队间的对抗甚至"仇恨"是相当激烈的；可一旦比赛结束，这种竞争性的关系便宣告结束，球员会友好握手甚至祝贺胜利的那一方，球迷也会回归到平和的日常生活中。

格尔兹曾说斗鸡是巴厘人"讲给自己听的关于他们自己的故事"，我们也可以说足球，包括各种现代社会中的体育运动，也是我们"讲给自己听的关于我们自己的故事"。一个不懂足球的小孩可能会问："为什么那么多人要抢一个球呢？给他们一人买一个不就好了？"显然，孩子还没有意识到，这是人类自己创造出来的释放自己、表达自己的方式。古往今来，人类的本性并没有发生根本性的变化，我们只是在不同的历史阶段、不同的时空情境，用不同的象征来表达它们。

⊙ 社会万"象"

除了国家、社会、归属等宏观的话题，在现代社会，人们会不断地人为制造出新的象征，并将花样繁多的目的包裹在其中。2月14日情人节（Valentine's Day）的巧克力，便是典型的被制造的象征。就起源而言，情人节历史悠久，但情人节送巧克力，这习俗却不超过两百年。节日本身源于罗马帝国时代一个叫瓦伦丁（Valentine）的人的故事。按照流行版本的说法，他当时因宗教问题被关进监狱，又在监狱里对一位姑娘产生了感情，并给这位姑娘写了一封很美的情书。瓦伦丁被处死的那一天，就是2月14日。而在这一天用巧克力来表达爱，则是新近的象征。据说，1861年，吉百利（Cadbury）为了推销多余的巧克力，把巧克力设计成爱心的形状，包在礼盒里，在情人节这天售卖。结果反响异常好，吉百利成功地在一天内卖完了所有存货。第二年，很多商家纷纷效仿，使得情人节送巧克力成了新的习俗，巧克力也成了一种新的表达爱情的象征。

有人说，用巧克力来表达爱情，是因为它很甜，对应爱情甜蜜。但甜的东西有很多，蜂蜜、大白兔奶糖，这些东西怎么就没有被用来作为象征呢？正如前面说到的，能指和所指之间的关联其实具有很大的任意性，正是因为这种任意性，使得聪明的、能够把握商机的商家有机会创造出新的象征关联。钻石更是典型的案例。从普通矿石，到"钻石恒久远，一颗永流传""一生只送一人"，有心商家不断强化着钻石象征恒久爱情的意味，让钻戒成为婚礼的必备物品。所谓创造象征，便是如此，本来不存在的事物之间的联系，就这样被制造了出来，并且成了被普遍接受的习俗。

象征不仅能被创造，还会随着语境变化。比如从牛郎织女的故事转化而来七夕节，传统上我们可不送巧克力。传说织女是心灵手巧的仙女，因此，过去女孩子们盼望的是天上的女神能赐予她们聪慧的心灵和灵巧的双手，七夕也被称为"乞巧节"。乞巧的风俗在唐宋时已盛行，即捉一只红色的小蜘蛛放在小盒子里，第二天打开盒子，希望它能织出细密的大网。这网越密，就象征姑娘的手越巧，所谓"喜蛛应巧"。我们听到这习俗可能会有点不适应，因为在今天的观念里，蜘蛛与美好的寓意好像没什么关联。今天的七夕已经成了与西方情人节对应的中国情人节，没有人会去抓蜘蛛，而是买玫瑰花、吃烛光晚餐、送巧克力或其他礼物。传统文化习俗中的象征，在全球化的语境下被新的商业象征覆盖了。

如今的商家们在努力用各种各样的象征来卖货。很多时候我们购买的不是东西本身，而是东西背后的故事。有些品牌是青春活力、时尚的象征，这还是比较直观的，有些则是中产阶级生活方式的象征，或是环保主义立场的象征，甚至是爱国的象征，等等。当某个商品被人为地与某种美好的概念或会令特定人群感兴趣的观念联系在一起的时候，就会有相应的人心甘情愿为商品讲述的故事掏出自己的钱包。

这是当代社会相对于传统社会而言的特征——传统社会中集体性的力量比较强，个体往往是接受社会的传承，学习老一辈人流传下来的象征和符号体系；在当代社会，迅速的变化和多元的文化使个体拥有了更强的能动性，制造象征也是这种能动性的表现。随着社会领域的细分，象征已不一定只在国家、城市这种层面存在，而可以针对特定的小群体。当某个群体发明了自己的象征时，也是在用这种方式塑造自己的群体边界。甚至，当代社会的象征已过于泛滥，以至于我们看到某个符号却难以理解时，会被笑话是脱离了时代，或是在还没有理解一套象征的时候，它便成了已失效的过去式。或许，生活在一个充满了象征的世界里，谁玩转了象征，谁就玩转了社会。

第七章

饮食

人类学家很早就揭示出，在已知的人类需求中，吃是最基本的一项，其重要与急迫的程度远超性欲。人体能适应很多种食物，这林林总总的食物，形成了一张巨大的食物光谱。但仔细看看这光谱，我们会发现在不同时代、不同文化中人们吃的东西，尤其是觉得好吃的东西，可能完全不同。一个英国女孩曾这样描述她第一次看到皮蛋（松花）时的情景：

> 一家装修挺前卫的香港餐馆，上了皮蛋作为餐前开胃小吃。蛋被一切两半，搭配泡姜佐食。那是我第一次去亚洲，之前几乎没见过晚餐桌上出现这么恶心的东西。这两瓣皮蛋好像在瞪着我，如同闯入噩梦的魔鬼之眼，幽深黑暗，闪着威胁的光。蛋白不白，是一种脏兮兮、半透明的褐色；蛋黄不黄，是一坨黑色的淤泥，周边一圈绿幽幽的灰色，发了霉似的。整个

第七章　饮　食

皮蛋笼罩着一种硫磺色的光晕。仅仅出于礼貌，我夹起一块放在嘴里，那股恶臭立刻让我无比恶心，根本无法下咽。之后，我的筷子上就一直沾着蛋黄上那黑黢黢、黏糊糊的东西，感觉再夹什么都会被污染。我一直偷偷摸摸地在桌布上擦着筷子。[56]

皮蛋，在大多数中国人眼里应该是再正常不过的食物，可能我们很难想象，皮蛋竟然会被外人描述得如此不堪。不过我在读过她的这段描述后，再认真看看皮蛋，好像也确实是她说的那么回事。在此之前，我从来没想过，为什么我不觉得皮蛋恶心？相反，为什么在我看来，这是一种好吃的东西？

⊙ 先想，后吃

关于什么东西可吃，什么东西不可吃，著名人类学家列维-斯特劳斯曾说过一句经典的话：所谓可吃的食物，在"吃起来好"（good to eat）之前，首先一定要"想起来好"（good to think）。[57]

"吃起来好"，首先是好吃。一般人的舌头上约有 1 万个味蕾，每枚味蕾含 50—100 个味觉细胞，这些味觉细胞会让人尝出酸甜苦辣。虽然每个人对好吃与否的判断不尽相同，但有些味道，比如鲜味、甜味，还是人类普遍爱好的。其次，有营养。食物最基本的功能是维持人体的运转，有些必需的营养，比如蛋白质、脂肪、糖、碳水化合物等，人们需要通过食物来摄入。因此，有营养的食物自然是好的，营养学也变得越来越热门。可所有美味又营养的食物，我们都会吃吗？前面提到过的我最爱的兔头或者说兔肉，科学研究已证明，它是高蛋白低脂肪的健康食物，烹饪后也很美味。但每次我在班级里问"你们吃不吃兔肉"的时候，都会有人惊呼："怎么能吃兔子呢？兔子是那么可爱的动物！"拒绝是因为吃兔肉这件事，让他/她"想起来不好"，觉得很残忍。

以上种种判断的背后，是每个人都会用特定的认知图式来认识这个世界。食物，是世界的一部分，更是生活中最重要的部分之一，平时，我们可能不会意识到这个认知图式的存在，可一旦有什么东西要入口了，我们的生理反应便会很诚实地说出自己的内心。

至于为什么吃某种食物的时候，会"想起来好/不好"，有着丰富的社会与文化答案。人类学家萨林斯（Marshall Sahlins）对美国的肉食体系做了个研究。[58]他发现，在马、牛、狗、猪这四种动物里，牛肉和猪肉被认为是"好"的肉类，而狗肉和马肉则被认为是"不好"的肉类。更具体点，按照可吃/不可吃，可以将它们排成牛、猪、马、狗这样的序列，越靠前的，可吃性就越强，越靠后的就越不能吃，甚至直接被视为禁忌。这个序列从何而来？这里所谓的可吃程度，并不能简单地从营养学、口味的角度来解释。萨林斯认为，这个序列和这几种动物与人的关系的密切程度有关。

要知道狗和马，是以主体的资格参与到美国社会中的。在美国大多数地区，狗可以在主要的城市街道上游荡；在房子甚至卧室里，狗可以趴在为人设计的椅子上，睡在人的床上，并按照它们自己的习惯坐在餐桌前等候分享家庭美食。我在美国时的房东养了条狗，叫 Max，每次听到他呼唤"Max"，我都会恍惚——他是在叫某个人吗？没错，在美国，狗往往有着同样可以用作人名的名字。马也一样。美国人会给马刷身子，像对待朋友一样对待马。传统美国西部的牛仔们会在他们的马身上投入极大的感情。20 世纪 70 年代，美国食物的价格曾在短时间内大幅上涨，有人提议用马肉替代牛肉，但很快便引发了巨大的抗议，在抗议者看来，"在这个国家里屠杀马供人吃是一件非常丢脸的事"，即使经济再困难，"还没有落到要杀马吃肉的地步"。[59]

作为家庭中的同居者，家庭成员中的一位，狗和人的关系要比马和人的更为密切，所以，狗在美国文化里是绝对不能吃的，吃狗就好比吃人类自己。而马与人之间更多还是仆役式的劳作关系，所以，虽然大部分人也认为马不可吃，但吃马并没有像吃狗一样让人完全无法想象和接受。相应地，牛和猪就离人类比较远。它们是相对于人类主体的对象，有自己单独的生活；通常它们是匿名的，即使有名字，也只是人们在谈话时的指称，没有过多的情感意义；很少有人会把牛当宠物，给猪刷身子。所以，它们可以作为食物。于是，再综合一下营养学，就有了以上的序列。其中，离人类较远又很有营养价值的牛肉被认为是最好的肉类。进而，牛肉不仅是可吃的，还可以代表某种社会等级。在宴请场合，质量上乘的牛排一定会是重要的主菜，表示对来宾的尊重。

以我们的社会来说，十几年前，其实在城市里还会看到一些卖狗肉的店，但随着养狗作宠物的人越来越多，狗和人的关系越来越近，狗肉在我们的食物系统里也变得越来越不能吃了。不过，我们的文化主流还不会把狗和人完全等同，可以想见，虽然大家会越来越不愿意吃狗肉，但还不至于形成像美国社会那样的禁忌。

有关食物是否可吃，这一认知图式有多种来源，从最广泛的角度来说，来自国家、文化，再小一点，又与每个人成长的小世界有关，如出生地域、家庭环境、所属群体等。一个环保主义者不会吃鱼翅之类的东西，一个动物保护主义者会选择素食，一个贵州人会觉得吃狗肉很正常……总的来说，所有可吃的食物，在一个人的认知图式中都是符合道德规范的,即吃这些食物不会让人产生罪恶感。基于这种图式的来源,不少关于食物的认知,可以让我们从口腹迈向某些文化的核心。《圣经》中的《利未记》大概是最具代表性的饮食规定之一。

《利未记》是《旧约》中让人觉得不可思议的一章。《圣经》的前几章讲述了上帝创造世界、摩西带领以色列人出埃及等通俗易懂的故事,可到了《利未记》一章,忽然变得没有任何故事性的内容,而是上帝不厌其烦地告诉以色列人,什么可以吃,什么不可以吃,其细致程度,令人惊叹:陆地上的牲畜,凡是蹄分成两瓣又倒嚼的,是可以吃的;水中的生物,凡是有翅有鳞的,是可以吃的;有翅膀但爬行的,是不能吃的;等等。人类学家玛丽·道格拉斯(Mary Douglas)对这篇文本有着精彩的解读(详见第九章)。[60] 她认为,因为食物是直接入口的,所以上帝要用这样一种近乎极端的方式、详尽的规定来确保以色列人的洁净——关于食物的规定是与"神圣""圣洁"这样的观念相联系的,"吃错了"即是"犯罪"。在后来的历史中,所有信仰犹太教的人就将这样的认知图式传承了下来,并将之视为生活中理所当然的事情。

当然,并不是所有关于食物的规定都会被上升到这般严肃的层面,也不是所有的认知图式都有如此重大的意义和悠久的历史,很多饮食习惯是具有相当个体经验性的、偶然的，但至少，所有可吃的食物，首先要在人们的脑海中、认知图式里被定义为"好的"。先想，后吃，这可能才是人类的本性。

⊙ 制造饮食偏好

在"什么是可吃的"之后，自然会追求，"什么是好吃的"。最直接的好吃是味觉上的享受，吃下去的东西能刺激人的味蕾，进而让人感受到从舌尖到内心的快感与幸福。但一如食物可吃或不可吃不全由食物本身决定，看似是生理反应的味觉快感，背后也有着文化的规定，甚至可能是被制造出来的。

就拿甜这一味觉体验来说，根据科学研究，在吃到甜食的时候，大脑中的多巴胺神经元会被激活，人们会感到快乐，据说，胎儿在子宫里发育的时候就有了对甜味的体验。甜与糖几乎是同义的，糖是人体能量的必要来源，但关于应该如何摄入糖，却有很多不同的做法。欧美一些国家的甜品，其甜味之重，远超我们能接受的程度，在红茶、绿茶里加糖对绝大多数中国人而言也是难以想象的；类似地，中国江浙沪部分地区喜欢在烹饪时加糖；有些人喜欢把甜的东西放到饭后当作收尾和点缀。关于糖该怎么用才好吃，每个人的想法可能都是不一样的。

如果沿着时间线往前走，我们会发现今天所用的糖基本是从甘蔗或甜菜中提取而来的，在此之前，蜂蜜才是正宗的甜味佐料。据说，人类在还没有演化到智人阶段的时候，便已经开始收集并食用蜂蜜，那时蜂蜜还具有大量象征、神话与心理上的意义。14世纪，蔗糖开始在欧洲出现，但当时它属于只供贵族等阶层使用的稀有物品。有时候，厨师会用糖来做菜，但更多时候是做成糖雕，用于在上菜之前展示把玩——最初，糖是用来看的，不是用来吃的。那时候，下层的人们，尤其是工人和农民，根本不知道糖是什么玩意儿。它的普及和欧洲殖民地的扩张有着直接联系。

16世纪起，英国开始殖民扩张，并在19世纪达到顶峰。英国占领的殖民地大多位于热带地区，基本都适合种植甘蔗。殖民地种植了大量甘蔗但没地方卖，怎么办呢？那就制造出相应的需求。于是，糖的用处和好处在英国社会被大肆宣传。也刚好是从16世纪起，糖开始被认为是一种药，被写入了家用医疗手册，可以用来治疗耳鸣、水肿、咳嗽、腹泻等。当时，还出现了各种奇特的处方。比如，在牛奶和糖中浸泡过的大米可以抑制胃部躁动，增强生殖力，治疗腹泻；草莓和贮藏较好的糖一起吃，可以降火开胃。甚至人们会用"就像一家断了糖的药店"来表达极端的绝望或无助。到了17、18世纪，随着蔗糖的产量进一步加大，糖在英国成了一种日用品。工业革命时期，上层阶级出现了"下午茶"的说法，喝着加糖的茶，吃着一些小饼干，被认为是上层阶级的生活方式。工人阶级也开始效仿，只不过他们可没这悠闲的时间喝下午茶，更主要的目的是用加糖的茶来增加热量。19世纪晚期，甜品成了餐桌上一道固定的菜品。没有甜品的西餐，总让人觉得少了点什么。数据统计显示，到了1856年，英国国内蔗糖的消费比150年前高出了40倍，而同一时期，人口只增长了不到3倍。糖，作为一种新的食物，就这样成为英国人必不可少的饮食内容之一。

可以说，糖在欧洲社会进而在全球普及的过程，是关于糖的需求被制造的过程。这种需求制造的背后是资本主义的力量——人们消费糖，便是被卷入了资本主义世界体系。对这个过程进行分析的人类学家叫西敏司（Sidney W. Mintz），他也是饮食人类学的鼻祖。[61]西敏司是政治经济学派的代表人物，注重分析文化现象背后的政治经济过程。今天人们都知道殖民主义扩张的罪恶，而西敏司用糖这么一种食物，吃糖这么一个寻常的行为，把全球性的产业链条以及其中隐藏的剥削关系揭示了出来。

糖的需求制造，经历了甚至背负着一段漫长而沉重的历史，但饮食偏好的制造在今天几乎在时刻发生着。以松茸来说，作为一种生长在高海拔地区、不能人工养殖的菌类，它与我们的关系经历了从不为人知到炙手可热的过程，这背后是另一条关于制造食材偏好的链条。松茸最早在日本被炒作,据说,在广岛被原子弹摧毁的废墟上,松茸是最先重新生长的物种。日本人觉得松茸好吃,不仅是因为味道,还因为它的文化内涵。一千多年前的奈良时期,有本诗歌合集叫《万叶集》(类似于《诗经》),里面已经有不少关于人们采摘松茸的短诗,比如"这不是梦/松茸成长/在山腹"等。平安时代,又有一本《散木奇歌集》,提到松茸是珍贵、有诚意的礼物。那个时候的松茸是专门进贡给皇亲国戚和贵族的。现在日本人宴请重要的朋友,松茸仍是很有诚意的选择。不仅如此,有关吃松茸还有一系列的习俗活动。秋天,松茸刚刚成熟的时候,要举行肃穆的开山仪式;采摘松茸的时候,有庆祝仪式,级别等同于春天的赏樱大会;正式吃松茸的时候甚至要焚香沐浴;普通的日本家庭会把干松茸装在小布里,好好保存起来。

在中国,情况却有所不同,即使在20世纪90年代,松茸对于大多数中国人而言还是陌生的食物。在中国,松茸主要产自香格里拉、林芝、延边、长白山等地,这些地方的居民的确有吃松茸的习惯,但在它火起来之前,人们只是把它当作一种普通的菌类。到了21世纪,松茸忽然开始被"爆炒"。首先,它出现在了国宴上。2002年上海APEC会议和2008年北京奥运会的国宴菜单上都有松茸。接着,我们都熟悉的《舌尖上的中国》纪录片,第一季的第一个画面便介绍了松茸。纪录片拍摄了松茸的采摘过程，当地人要每天行走十几个小时，进到偏远的原始丛林深处，运气好的话才能采到一点点。广为流传的金句，"高端的食材往往只需要最朴素的烹饪方式"，也出自"酥油煎松茸"这一名场面。《舌尖上的中国》的大热让松茸被更多的中国人知道，也让饮食文化这一话题被更多的人关注、思考。

紧接着，商业资本介入——松茸被扣上了各种帽子，"菌中之王""贵族补品""抗癌圣品"等，人们还把它和纯净、绿色、雪山等想象联系在了一起。从富豪阶层到城镇的居民们，大家都以吃松茸为一种时兴的生活体验。2015年起，松茸的价格不断上涨，品质好一点的松茸，1公斤能卖到一两千块。2021年8月，在香格里拉的松茸拍卖会上，有一对尺寸很大、重约695克的松茸，甚至卖出了25万元的天价。诸如此类，这一系列对松茸价值、品格的制造行为背后的社会动机，不言而喻。

回到味蕾，松茸到底好不好吃？有人曾这样描述："吃松茸，你还没咬下去，腮帮子开始拍手叫绝了，等开始咀嚼，松茸受力，断开，你的口腔与鼻腔会被奇香攻陷，先是幽香，待入口打转一圈，幽香变为浓香，又迅速化为一缕回甘……闭上眼，鲜香、脆嫩、润滑，每搅动一次舌尖，你对松茸的眷恋就更深一分。"然而，这是普遍的体验吗？我在香格里拉做田野调查的时候，有次在转山路上，藏族同伴偶然发现路边丛林中藏着一朵松茸，立马摘下来找了路边摊清炒，那盘松茸的美味令我至今难忘。在当地普通餐馆吃到的松茸，大多是前天夜里或当天凌晨摘下来的，味道仍旧鲜美，但不至于惊艳。这几年我在上海，每年都会收到香格里拉的朋友寄来的松茸，经过两三天的运输，鲜味其实已经少了很多，我的家人们觉得它也就比普通蘑菇鲜一点点，完全体会不到上述的感受。真正的老饕或许能品出松茸那极致的美味，但对于大多数人而言，松茸的美味和营养价值是一个被制造、被炒作的过程。

每个人的味觉都是一条适应范围很广的光谱，在这条光谱上，好吃或不好吃的判断不一定仅来自味蕾，舌头有时候也会骗人——被与食物配套的说辞所骗。时间久了，人们慢慢内化、相信了食物外包裹的描述，以至于只记住了那些说辞，却忘了它被制作的社会过程，就像人们每天都会用到糖，但很难想象它曾经是一种药物或只是贵族的艺术品原料。至于松茸，从营养上来看它并不是必需品，在文化层面，对我们而言它也没有日本文化中那么丰富的内涵，人们愿意用高价购买它，更多是因为它被制造出的象征意义。我不知道这场"松茸热"还会持续多久，或许当它被资本或市场放弃的时候，就是人们不再觉得松茸好吃的时候。

如果说饮食偏好源于认知图式，那么，我们每一次入口的选择的背后，都可能是一个漫长的偏好制造过程，也是一个创造新的认知的过程。资本，往往是其中最主要的推动力。有时，人们会乐于被资本绑架，因为确实是市场的力量让很多人吃到了来自不同地区的、各种各样的好吃的东西；但有时人们也需要思考，为了这些享受，是否值得付出远比想象中更加昂贵的价格。

⊙ We are what we eat

可吃、好吃的认知背后有着特定的社会意义，说的是人对食物的定义；反过来，食物也可以定义人。这在不同饮食文化的主食选择上，体现得最为明显。西方国家的人，主食多是面包类，中国人则主要吃米饭和面条。一餐里如果没有米饭或面条，很多人总觉得没吃饱，这里的饱腹感并不是营养和摄入量的问题，而是身在特定的文化中，我们已经习惯了某种食物。我这辈子第一次出国，是在北大读研究生的时候，当时偶然收到了一个国际会议的邀请函，受学校资助去了英国伦敦。在伦敦的一周里，语言沟通问题还算可以克服，真正难受的是没东西吃。怎么会没东西吃呢？满大街都是烘焙的香味，可是在吃了两三天面包后，我只想吃"主食"。当时我只在附近找到了一家日式拉面馆，哆哆嗦嗦地点了碗拉面。至今还记得，那碗面花了将近200

元人民币，作为穷学生，每吃一根面，我都觉得自己的内心在滴血，但又完全无法抗拒"饱腹"的诱惑。回想起来，我还是觉得不可思议：在北大食堂面食部的刀削面只需4元一碗的当年，我竟会花将近200元，在大不列颠的心脏吃了碗面！然而我确实那么做了——我的胃，证明了我是彻头彻尾的中国人。

如果说，世界上有一个国家对米饭的热爱程度比起中国人来说有过之而无不及，那就是日本了。[62]在日本人看来，稻米是天神送给他们的礼物。早在公元4—7世纪的大和国时代，日本便流传着天神培植了第一株水稻的神话，天神又被认为是皇室家族的祖先，因此，在某种意义上，他代表了整个日本民族。从那时起，稻米在日本人的日常与神圣生活中均扮演了重要的角色。耕种稻米、作为主食自是不在话下，稻米在日本社会中还被赋予了更多的意义。在古代和中世，政府、神社和庙宇会在春天贷给农民带壳的稻种用于播种，到了秋天收获的季节，农民则用"初穗"来偿还贷款和利息。刚收获的初穗也是献给神和佛陀的最好祭品之一。在中世和近世早期，稻米还被作为货币，甚至与真正的金属铜钱相比，稻米被认为是干净的，而金钱是脏的。民间流传的说法也能说明稻米的神圣性：某人如果踩到了稻谷，他的腿就会弯曲；用餐者如果把哪怕一粒米饭留在碗里，他的眼睛就会失明。

明治维新之后，日本迅速走向工业化和现代化，但对农业日本的怀念让日本人再次使用了稻米来定义自我。当时，日本一方面要把自己区别于西方，另一方面又要把自己从亚洲或"东方"中分离出来。关于前者，相对于肉或面包，日本人用稻米来表达；关于后者，日本土生土长的国产米成为区别于其他亚洲国家的标志。那个时代最有名的一位本土运动倡导者将日本的稻米定义为"神米"，并将之与遍布日本的神道崇拜联系在一起，而其他国家的米则被认为是"下等的"，甚至吃了会"衰弱而死"。二战中，稻米甚至还被军国人士利用来激发民族主义热情：满街都可以买到一种"太阳旗便当"，即在白米饭中间放一颗腌梅干；把米饭做成圆锥体，象征富士山，上面插一面纸质的太阳旗，在饭店作为儿童食物售卖。

直到今天，日本新天皇即位的时候，还要举行一种神秘的祭祀仪式，即大尝祭。大尝祭需建设大尝宫作为祭祀场所，天皇会在祭祀时奉上当年指定为祭拜所用的新收谷物，即被称为"天御膳"的新白米饭，负责提供天御膳的田地则被称为"斋田"。除了谷物，祭典上还有事先准备好的黑、白两种酒酿以及供神明享用的"神馔"。天皇在祭拜皇祖皇宗和诸神后，便会食用这些酒菜谷物，以示与祖宗和诸神相感应，获得他们的认可。据考证，这项仪式已有1300多年的历史。2019年，德仁天皇即位之时，由于国家经费紧张等原因，一些民众聚会反对这次祭祀，但最终大尝祭还是在缩减规模和减少邀请人员的前提下如期举行。大尝祭的神秘在于，它是历代天皇的专属典仪，相关做法、具体仪式和手续等，一律严禁外人笔录和外传，天皇本人如何获得相关知识，如何练习，都属于极秘事项。这种依托于稻米的、带有神秘主义色彩的仪式，成了不少日本人重要的精神寄托。

今天的日本饮食已经深受西方影响，"洋食"已成为一类经典日本菜，年轻人也喜欢吃汉堡、比萨，但许多日本人晚餐还是继续在家里吃米饭。招待客人的时候，即使有很多配菜，在宴席最后，主人还是会问客人：你喜欢白饭，还是茶泡饭？哪怕只吃一点点，米饭还是必不可少。日本人就这样执着地用米饭坚守着集体性的自我认同。

日本人对大米的集体性认同，那是大到国族；而小到地方、群体，每个人也会习惯性地用食物作为身份的标记。就饮食与认同的关系而言，更切身的情况往往是出生在某个地方，那个地方特定的美食便是童年的快乐，长大后又成为伴随一生的回忆。我是土生土长的成都人，除了火锅，最深刻的美食记忆是遍布成都大街小巷的肥肠粉。肥肠粉是用红薯做成的，把和好的粉团装到类似筛子的容器里，用手使劲敲打粉团，细细的粉条就从筛子的小孔里滑出来。小时候，我最喜欢趴在窗口看师傅"打粉"，那敦实的声音配上不断滑出的粉条,比魔术还神奇。粉条做好,和猪杂碎一起放入沸腾的锅里汆几下,不能煮久,成都人把这个过程称作"冒",意思是七上八下地冒几下头就行。粉烫好,捞起来倒入已放好肥肠和丰富佐料的大口碗里,最后从汤锅里舀一大勺沸汤浇下去,再撒上几粒油炸豌豆和碎葱花,一碗热腾腾的肥肠粉就出锅了。记得我小时候那会儿,一碗肥肠粉1元多,有时候奢侈一把,加上个"节子"(打了结的猪小肠),简直就是最美好的享受。肥肠粉店是典型的成都人所说的"苍蝇馆子",桌子油乎乎的,旁边摆的是没有靠背的凳子,没有服务员,粉要自己到灶台前面排长队去端。即便如此,真正好吃的肥肠粉店,从早到晚顾客络绎不绝。

不过,肥肠粉之于我的成都人身份认同的意义,大约并不能与今天成都的孩子共通。现在,肥肠粉店减少,肥肠粉也做了很多适应外地口味的改良,真正本地传统的味道已经很难找到了。上次回家的时候,我在东门附近找到了一家老口味的肥肠粉店,仍旧是油乎乎的桌子,人们排着长队端粉。入口的那一刻,我又一次感受到了久违的味道。西敏司在《饮食人类学》里,不止一次地引用了法国著名社会学家布尔迪厄(Pierre Bourdieu)的一句话:

> 我们很可能是在食物的味道里,

找到了最强烈、

最不可磨灭的婴儿学习印记，

那是原始时代远离或消失后，

存留最久的学习成果，

也是对那个时代历久弥新的怀旧心情。[63]

我想，这句话也说出了大多数人的心声。离开成都后，我又在北京和上海定居过，北京人讲他们的爆肚、豆汁儿时，上海人讲他们的小笼包、粢饭糕时，和我说起肥肠粉时是同样的表情。网络上经久不衰的关于豆浆、粽子、月饼等的"咸甜之争"，其实都是人们通过食物表达对家乡的热爱，反复宣示自己的身份认同。所谓一方水土养一方人，还真不是一句空话。

除了地域，食物还可以作为很多其他身份的标记，比如等级。在过去的欧洲，夜莺舌和鱼子酱是只有王室才能享用的食物；宫廷剧里皇帝和妃子所用的食物要严格按照他们的品阶来制作；还有刘姥姥进大观园时吃的那道有肉香味的茄鲞，贾府的奢靡在一道菜上体现得淋漓尽致。到了现代社会，以前宫廷、贵族才能享用的美食也上了普通人的餐桌。社会变得越来越多元，小群体更加复杂多样，但唯一不变的是食物仍旧可以用作身份的象征。我读书的时候，咖啡在国内还没怎么普及，但已有不少"小资"、商务人士、文化人士喜欢来杯咖啡，咖啡成了某种社会身份的标签。到了今天，咖啡已成为大众饮品，那些追求某种氛围、格调的人又开始不断寻找新的食物（几乎是日新月异的）来匹配自己的身份。精致的女性聚在一起享用下午茶，"996"的上班族依赖外卖软件，减肥人士购买少油少盐的健康餐……消费主义不断用食物制造出新的标签，消费的人、数钱的人，都从食物中获得各自的需求。

We are what we eat——我们吃什么，定义了我们是什么样的人。毕竟，食物进入的是我们的血肉身躯，会真正成为我们的一部分，与我们身体的联结至为紧密。我们不断生产、定义好吃的食物，再用它们来定义自己——这是另一种食物之链。

⊙ 汉堡统治世界？

既然小到一个人，大到一个国家，都可以将食物视为自我的一部分，那么有没有一种食物，可以定义整个世界？1958年，麦当劳快餐集团在创立三年之后，出版了一本操作指南，详细描述了如何经营一家麦当劳特许店。该指南包括如下内容：

> 它准确地告诉操作者如何正确地化奶昔、烤面

包、炸土豆。它精确地规定所有产品的烹饪时间、所有设备的温度。它规定了每种食品构成要素的标准比例，甚至规定放在每份汉堡馅饼上的洋葱是四分之一盎司，每磅奶昔要切成32片。它规定法国炸薯条要切成1英寸厚，并炸9个30秒。其确立了对于餐饮服务而言十分独特的质量控制，包括如何处置一个在容器中放置了10分钟以上的肉制品与土豆制品等。

……烤架工……必须把汉堡包放到一个烤架上，汉堡包必须从左到右地移动，每次要烤6排，每排6个，共36个小馅饼。由于头两排离加热器具最远，烤架工必须（每轮都）先翻动第三排，然后第四排、第五排、第六排，最后再翻动前两排。[64]

快餐行业最早兴起于20世纪中期的美国，是社会变迁下的产物。随着工业时代的到来，人们的生活节奏越来越快，也越发追求标准化、规范化和高效率。快餐，满足了新的时代节奏下人们的新需求。作为快餐行业的领头羊，麦当劳对加盟的分店有着极其严苛的要求——每家店面规格统一，菜单一致，同种产品要同尺寸、同价格、同质量，这样，任何一位顾客踏入任何一家麦当劳，都可以有完全一致的体验。在这样一套严格的规范下，麦当劳在世界各地快速扩张，虽然在不同的地方，多少会推出些适应当地社会的产品，但整个流水线化的管理模式没有什么本质不同。1990年，麦当劳在深圳开设了中国的第一家分店，那时正值中国社会高速发展，经济快速起飞。我小的时候，只能偶尔去麦当劳奢侈一把，但今天，我们的生活已经在不知不觉中被各种快餐和连锁品牌包围。

不仅是麦当劳，去到任何一座城市（尤其是新区），我们首先看到的往往是高度同质化的商场，转来转去，那些商家好像和自己所在城市的也没太大区别。真正的地方特色大多隐藏在某条小巷子里，需要认真寻找才能发现。诚然，在饮食行业还没有规范化且投诉无门的时代，人们容易因为在街边某"苍蝇小店"吃了不干净的东西而拉肚子，还只能自认倒霉，这时，类似麦当劳这样的快餐店为人们提供了高度可预期的、保质保量的食品。但不知不觉间，麦当劳的模式与背后的运作逻辑，反映了整个世界的巨变，同时也改变了整个世界。

不仅是快餐行业，自工业时代以来，几乎所有的工厂都有着和麦当劳类似的操作规范，这些规范的共同之处在于，用一套高度程式化的流程，生产高度同质化的产品。而这样的规范从工厂扩展到了社会生活的方方面面，成了社会运转的某种基础逻辑……现代社会变成了一个高度理性的社会，做任何事情，都要求和需要有规划、可预期、可控制，同时，要把不可控的风险降到最低。

当我们失去路边摊带来的美味和不确定性的时候，我们面对的世界，早已和以前不同。

第八章

狂欢

按照社会规范与秩序过日子，是人们的生活常态。但有些时候，无论是人们的主动期待，还是出于一种社会氛围的需要，这样的生活可能会被按下一个暂停键，人们的日常身份与责任会被搁置，身体里的另一个自己会被释放出来。在这段脱轨的特殊时间里，平时生活中的等级、年龄、性别等区分都不复存在，甚至被颠倒，人们只是尽情喧闹，尽情欢乐。

　　这样的时刻，最常见的便是狂欢节，它存在于世界上很多国家和地区。早在古希腊时期，便有一年一度的酒神节，纪念那个因反叛和自由而闻名的酒神狄奥尼索斯。如今，最著名的狂欢节应该是巴西的里约热内卢狂欢节，它被称为"地球上最伟大的表演"。狂欢节持续四天，在这期间，除了药店、医院和酒吧，工厂停工，商店关门，学校放假。男女老少披红挂绿，艳装浓抹，春潮决堤般地涌向大街。桑巴舞是狂欢节的高潮，在狂热的鼓点中，舞者神采飞扬，

第八章　狂　欢

观者如痴如醉，人们忘记姓名，忘记吃喝，只是沉浸在迷醉的氛围里。除了巴西的狂欢节，万圣节也有类似的狂欢活动。万圣节又被称为"鬼节"，它源于古老的凯尔特人文化，据说，在这一天，很多亡灵和精灵会重新回到人间。现在，在很多国家，这个节日也成了cosplay的狂欢节，人们会穿上包括但不限于鬼怪的各类服装，上街游行，尽情放纵。

为什么那么多人爱过狂欢节？只是宣泄情绪吗？为什么有些社会要特地选个时间，搁置或者颠覆日常秩序呢？狂欢节期间，在街头弥散的，是否还有某些深层的意义和功能？

⊙ 过渡仪式：成年、就任

在进入狂欢节之前，可以先从过渡礼仪（rites de passage）的角度理解身份的切换。过渡礼仪，简要来说是从某个身份过渡到另一个身份所需要的仪式，诸如成年礼、婚宴、就职仪式。人类学家范热内普（Arnold van Gennep）把过渡仪式分成了三个阶段：分离（separation）阶段，边缘（margin）阶段，也叫阈限（limen）阶段，以及聚合（aggregation）阶段。第一个阶段，意味着要把个人或者群体从原有的处境中，即社会结构中先前的固定位置上分离出去。在第二个阶段，仪式的主体将处于边缘状态。到了第三个阶段，仪式的主体又将重新回归社会，获得相对稳定的状态，并获得新的、明确定义的、结构性的权利和义务。经历这三个阶段，便意味着整个仪式的顺利完成。[65]

以成年礼为例。在传统社会，"男子二十弱冠，女子十五及笄"是汉族常见的成年礼风俗。男孩到20岁，女孩到15岁，就要举行冠礼和笄礼：把头发盘成发髻后，男孩戴上帽子，成为男人，女孩插上簪子，成为女人。成年之后，社会生活才真正开启，男人有了参政资格，可以参加祭祀、军事活动，女人可以婚配。少数民族地区也有成年礼，比如在普米族，女孩的成年礼叫"穿裙子礼"，男孩的叫"穿裤子礼"，穿裙穿裤后，便可参加社交活动，成为家族的正式成员。

在过渡仪式的三个阶段中，最有意思的是第二个阶段，即边缘（阈限），过渡礼仪中最关键的步骤也在于此。在拉丁文中，limen 有"门槛"的意思——只有跨过这个门槛，你才会变成新的人。在这个阶段，人会被迫与日常生活相分离，进入一种"既不在这里，又不在那里"的状态（边缘状态）。就这一点而言，中国的成年礼是比较温和的，因为在世界上不少地方，痛苦，才是成人仪式的核心与即将成年之人的必经之路。

继承了范热内普学术思想的人类学家特纳（Victor Turner），就在非洲的恩登布人中（Ndembu），观察到了当地近乎残酷的成人礼。[66]恩登布男孩的成人仪式"穆坎达"（Mukanda）以割礼为主要内容。仪式中最艰难的部分还不在于割礼本身，更在于那些受过割礼的男孩，要离开日常居住的村子，去村外的棚屋里被隔离长达两个月之久。在这段日子里，男孩受割礼的伤口会渐渐愈合，但是他们还要遭受精神上的折磨，接受年长者的严厉训导。他们要时刻保持谦恭的态度，只有在被允许的时候才能说话，要很勤快地给长辈们做各种杂事，如果有什么事没做好，立刻就会被训斥，甚至被鞭打。有的男孩甚至会因为说话声音太大而被狠狠斥责，并要为所有人挑好几天水作为惩罚。等熬过这段日子后，他们会在全身涂上当地的一种白色泥土，通宵达旦地跳舞，以这种方式回归社会。这时候，他们就彻底告别了孩童时代，成为真正的成年人。

虽然恩登布女孩的成人仪式过程相对简单，但痛苦的程度可一点也不轻——女孩会被包裹进一张毯子里，然后被放在"奶树"下。这种树之所以被称为奶树，是因为它的树皮被划开后，会渗出白色汁液，就像牛奶一样。这白色汁液被当地人认为是乳汁的象征。这些被放在奶树下的女孩要在高温下纹丝不动地躺一整天，在这个过程中，部落里的其他妇女会围绕着她跳舞。女孩的母亲不能加入跳舞的圈子，因为从此以后，她将失去自己的孩子，转而收获一位属于她的支系的成年同伴。由于这个过程实在痛苦，当地人把栽种奶树的地方称为"受难之地"。

接下来，特纳发现，在恩登布，不仅是成人仪式上的普通少男少女要经历痛苦，即使是即将上任的酋长，也要经历一番煎熬。[67]在酋长的就职仪式中，阈限阶段从建造一间树叶小屋开始。这个小屋建在离村庄大约1英里远的地方，它的名称有"死去"的含义，意味着经此仪式，酋长候选人作为普通人的身份将死去。候选人身上只能披一块破烂的腰布，和妻子一起被送到树叶小屋里，之后便要忍受整个部落的粗暴对待。他们必须佝偻着，用一种耻辱或谦恭的姿势坐在地上，承受村里人的尽情辱骂和身体上的摧残。在整个过程中，未来的酋长和妻子必须低头恭听，一言不发，不能睡觉。仪式结束后，候选人回到自己的村庄举行一场庄严的祷告，便可以正式上任了。上任后，酋长绝不能记恨和报复那些曾经粗暴对待过他和妻子的人。在《射雕英雄传》中，金庸给丐帮设计了一个类似的细节：每一任丐帮帮主上任前，都要面向全体成员，接受每个乞丐朝他／她身上吐口水。黄蓉因为害怕这个仪式，还曾在很长一段时间内拒绝担任帮主。

可以说，在传统社会的诸多过渡仪式中，尤其是在阈限阶段，人往往要经历一系列肉体上的痛苦或者精神上的羞辱。为什么非得是痛苦与羞辱？

⊙ 阈限：身份转换之痛

在描述阈限的特征时，特纳这样写道：

> 阈限或阈限人（"门槛之处的人"）的特征不可能是清晰的，因为这种情况和这些人员会从类别（即正常情况下，在文化空间里为状况和位置进行定位的类别）的网状结构中躲避或逃逸出去。阈限的实体既不在这里，也不在那里；他们在法律、习俗、传统和典礼所指定和安排的那些位置之间的地方。作为这样的一种存在，他们不清晰、不确定的特点被多种多样的象征手段在众多的社会之中表现了出来。在这些社会里，社会和文化上的转化都会经过仪式化的处理。所以，阈限常常是与死亡、受孕、隐形、黑暗、双性恋、旷野、日食或月食联系在一起。[68]

人的一生本是连续的，所谓身份转换并不是自然而然发生的，而是社会性的规定。因此，社会需要用一些方式，让个体意识到自己的变化。如果把人的新旧身份比作新旧两间房间，那么身份转换的仪式，就好比是连接两间房间的走廊。人们只有从旧房间里走出来，并顺利通过这条走廊，才能慢慢进入新房间。一个人走出旧房间、在走廊里行走的过程，便是从过去的身份和日常生活中分离出来的过程。走廊，便是阈限，走廊的环境又是多样的。在这段时间里面，人被相对隔离，并经受磨砺、训诫、痛苦。这可以被视为一段缓冲期或者适应期，为的是让他/她能够更好地丢掉旧的身份，扮演好与新身份相应的角色。

很多时候，越是从低位走向高位的身份转换，痛苦就越多。成人礼，这是一个人从幼年走向成年的标志，是人生中至关重要的一次蜕变。当我们被视为孩子的时候，可以尽情释放自己的天性，撒娇哭闹；成年不仅意味着身体的成熟，更被认为要像成人一样生活、思考和为人处世，不再任性而为。因此，在很多传统社会里，人们坚信，少年/少女只有通过成人仪式上的痛苦环节，彻底把孩童时代的自我击碎，提前接受磨砺，才能更好地理解身份转换，承担起成年人的责任。就职仪式同样如此。在走向更高的社会地位之前，接受身份地位比自己低的人对自己的贬损，是为了告知那些即将身居高位的人，你在本质上和其他人是平等的，只不过是暂时被赋予了某些角色，处在了较高的位置。有了这种印象深刻的提醒和警示，仪式结束之后，任职之人应更好地行使新身份带来的权力，并承担起新身份应尽的职责。在很多社会文化中，晋升绝非易事，人们相当看中就任者的承受能力与权力的匹配程度。据说，恩登布的酋长若能在就任之前的羞辱仪式中按照要求挺过去，便能拥有超乎人类的力量，这对于他此后的统治至关重要。类似地，中世纪的骑士在被授予骑士爵位之前，也要先禁食一天，并且在上帝面前反省自己，谦卑祷告。这段时间内，任何不认同他骑士身份的侍从，都可以直接拿剑攻击他的盾牌。如果通过了这场考验，他的骑士身份便被认为会获得上帝的祝福。

从这个角度来说，《孟子》里的那句，"故天将降大任于是人也，必先苦其心志，劳其筋骨，饿其体肤，空乏其身，行拂乱其所为，所以动心忍性，曾益其所不能"，倒是和这阈限的仪式设计有着异曲同工之妙。相对地，一些从高位到低位的身份转换，比如退休仪式，就会轻松愉快得多。退休，意味着一个人退出某套社会系统，承担更少的责任，自然也就不需要再经历什么痛苦了。

为什么在中国社会或者说现代社会，我们看不到像恩登布那样痛苦的仪式呢？原因自然有很多，这里可以谈论几点。中国社会深受儒家文化影响，相对内敛、克制，传统的成年礼和各种礼仪都比较温和，很少有激烈的情感表达；现代社会的节奏比传统社会快得多，人们没有那么多时间"穿越走廊"，长时间地将人从现实社会中分离出来是很困难的。另外，按照范热内普的说法，当代文明社会这座房子的内部结构划分得很精细，而互通之门很宽敞，这与传统社会有很大不同。[69] 就像我们在边界那章里谈到的，现代社会中的每个人都有多重身份,可以相对自由、平滑地在不同身份间切换,而在传统社会,每个人的身份选择是有限的,更受社会规范的束缚,这就使得现代社会中的身份转换相对容易。

不过,现代社会中的过渡仪式虽然没有传统社会、原始社会的那么复杂和强烈,但仍然存在。无论是个体自发的需求,还是社会、组织的设置,这些仪式可以帮助人们标记生活中的特殊时刻。今天通常认为的成年是年满18岁,记得我当年去办身份证的那一天,穿上了自己最正式的衣服,打扮得漂漂亮亮,欣喜地去经历这个成年的小仪式。现在,更多的人会把高考结束或毕业走上工作岗位视为成年的标志。每年这个时候,各地的学生都会上演各种形式的场景来度过身份转换的节点,无论是窗外哗哗坠落的书,还是肆意的叫声,都算是用一种仪式性的方式和高中、青春告别,走向另一个人生阶段。当然,皮肉之苦也并未彻底断绝,有些公司的入职培训、升职便是把员工拉到野外进行"素质拓展"。

人都有规避痛苦的本能,肉体上的痛苦也好,精神上的磨砺也罢,任谁都不愿意承受。但人类学家发现,想要承担更大的责任,走上更好的位置,就必须先经历痛苦,这是过渡礼仪的作用。人们相信,这些痛苦和羞辱可以让仪式的主体铭记,从而更彻底、成功地理解、完成身份的转换。只不过，在原始社会，这些痛苦可能是实在地经历一个真真切切的阈限状态，而在现代社会，更多时候人们会用象征性的方式完成身份转换。

⊙ 交融：作为整体的个体

个体在身份转换的关键阶段，往往会以承受痛苦或者颠倒尊卑的方式经历阈限阶段，而推至整个社会，则以狂欢的形式作为阈限。我们仍旧从原始社会说起。前面提到的特纳，他还分析了加纳某个部落中的狂欢节：apo 典礼。这个节日看上去打破了当地人日常生活的秩序，但组织者的用意没有那么简单：

> 宴会一共开八天，在此期间，人们可以尽情地唱歌、跳跃、舞蹈、欢笑，还有饮酒。在这个时候，人们享有绝对的自由来对别人进行嘲讽。丑闻被大大地赞扬，以至于他们可以对地位低于自己的人以及地位高于自己的人随便恶语相向，说出他们犯的错误、做的坏事、设的骗局。他们这样做并不会受到惩罚，连最轻微的阻拦都不会碰到。[70]

这个狂欢节有两个重要的表现：第一，是唱歌、跳舞、饮酒等行为的程度突破日常生活的理性秩序；第二，便是地位的颠倒，低等级的人可以指责高等级的人而不会受任何惩罚——这与前文的酋长就职仪式非常类似。在特纳看来，这些表现也最能代表狂欢节的作用：为平日枯燥乏味的生活注入一种激情，让人们放下一切身份和束缚，进入一种"纯粹为人"的状态。特纳把这种状态称为"交融"。所谓交融，它的原文communitas，是一个拉丁词，和天主教的领圣体仪式有着密切联系。在这个天主教的仪式里，人们会放下各自不同的日常身份，作为天主教徒，从神父手中接过象征耶稣身体和血液的饼和葡萄酒。在这个过程中，教徒们感受着耶稣的牺牲，象征性地相互联结，成为一体，甚至会感动到流泪。特纳所说的交融也是类似的意思，即一个作为整体的人参与到其他作为整体的人的关系中。

不知道你是否有这样的感受，社会是一个巨大的舞台，我们戴着面具在其中扮演不同的角色，在企业里做员工，在家里做父母和子女，在陌生人面前保持友善的距离……扮演好这些角色是社会对我们的要求，但我们往往会忽略另一面，即真实的自己。这两者的区别有点像古希腊文化中的日神精神和酒神精神，前者意味着外在、秩序、理性，后者意味着内在、肆意、放纵。日神精神帮助人们以契约的方式组成社会，形成分工。但人们也逐渐意识到，不可能永远持续这样的理性，在某些特定的时刻，需要酒神精神来释放另一个自我。

有一年,我在德国旅行的时候,刚好赶上慕尼黑啤酒节,那天在一间像仓库的屋子里,挤满了尽情欢乐的人们。大家穿着巴伐利亚风格的服装,捧着容量至少有一升的啤酒杯,不管跟周围的人是不是认识,都像久违的好友一样干杯、聊天,甚至把啤酒泼向对方。作为一个外国人,没有人认识我,甚至语言都不相通,但这完全不妨碍我和他们一起举杯畅饮。国籍、性别、年龄、身份在那个场合被完全遗忘,我们只是作为"人"本身,共享欢乐。我头脑中德国人刻板、严谨、内敛的形象,在那个晚上被彻底颠覆。有趣的是,到了第二天白天,日常秩序又恢复了。从宿醉中醒来的人们,如常地上班、礼貌说话,好像昨晚的事情从来没有发生过一样。只有街上还没完全清理干净的酒瓶,提醒人们昨夜发生了什么。

人是自然与文化的双重产物。我们生活在文化的规定之中,但自然的那一面也需要在某个节点得到表达。在自然状态下,我们不再需要扮演平日的社会角色,而仅是作为最简单的"人",去感受和自己同类的交融。这时候,社会秩序中的地位、阶层都成了交融的阻碍,因此,在狂欢节里,地位、阶层等设定要么被搁置,要么干脆被颠倒。在加纳的 apo 典礼中,这种颠倒是比较夸张、容易被识别的;在更多现代社会的狂欢节中,地位的颠倒往往更隐蔽,也没有那么容易被察觉。比如在万圣节的夜晚，平日里被教导、管制的小孩会被赋予巨大的权力，他们扮成精灵或者鬼怪的样子，喊着"trick or treat"的口号四处捣蛋、耀武扬威而不受批评。这是不是和 apo 典礼很相像？

要注意的是，狂欢性质的节日里所有看似对日常秩序的挑战，都是社会的刻意设置。狂欢节的本意并不是要推翻社会秩序，而是要让秩序中积攒着的一些不良因素发泄出来，进而巩固日常秩序。正是在这个意义上，特纳很有见地地指出，狂欢节是一种理性设计，它基于人类对自身本性的深刻体认，当人们经历了交融与狂欢再回到社会结构中时，他们所短暂经历的一切，已经再度为这套结构注入了活力。

前面说到，中国的传统文化整体上是比较克制、低调的，对于内心的激情，强调用修身、克己的方式去化解，而不是用外在狂欢的方式去释放。这也是中国文化中少见狂欢节的原因之一，然而，根据著名汉学家和人类学家葛兰言（Marcel Granet）的考察，上古时期的中国存在类狂欢节的活动。这些节庆大多是季节性的，在山麓或河边举行，届时，农民们会离开自己狭小的地界、安静的村落和孤立的生活，所有达到婚龄的男女青年都集中到"圣地"，以对歌的方式展开激烈竞赛，并以结成伴侣和性爱结束。在葛兰言看来，这也是一种类似于 communitas 的社会生活：

第八章 狂欢

> 它们实际上标志着社会生活中的独特时刻:在这个时刻中,社会生活突然进入了一种高度紧张的状态中,由于它近乎奇迹般的强化作用,它激发那些成员对他们正在共同实行的行为所具有的效力产生了一种无可压制的信赖感……这些短暂时期与漫长时期相互交替,在这些漫长时期中人们分散生活,社会生活实际上也处于停滞状态。在每个这样的集会上,将小型地方集团组织成一个共同体的结合公约将在传统规定的飨宴中得到重新认可。[71]

这些上古时期的狂欢节不单是人与人的交融,更包括了人与山水自然的交融。人们离开惯常的农耕生活,进入被视为圣地的山川之中,借助自然的力量,人与人之间分散隔离的状态被打破,人与自然、人与人重新达到合一的状态。随着宗教与祭祀活动的专门化和固定化,仪式逐渐成为君主等上层的专属,民间的节庆逐渐衰微,但这种人与自然和谐共生的思想,仍旧在文化传统中留存了下来。到了现代社会,随着生活节奏的加快和理性化程度的加深,社会组织的集体性狂欢越来越少,人们更多地用类似狂欢节的方式,给琐碎、规律的日常生活找一个短暂的出口。

⊙ 小狂欢：选择你的出口

过渡仪式也好，狂欢与日常也罢，都意味着一种过程性的辩证关系；如果没有这种辩证关系，一个社会难以正常发挥功能。这也是狂欢节看起来很混乱，充满对秩序的挑战，但很多社会还是保留了它的原因。特纳发现，如果片面地夸大社会秩序，可能会导向这样的结果，即在社会秩序之外，展现出自发的甚至难以控制的交融。这些展现被特纳称为"类阈限"。20世纪六七十年代，美国兴起的嬉皮士运动可以说是一种类阈限。这些嬉皮士自主选择从日常生活的角色中分离出来，穿上像流浪汉一样的衣服，四处游荡，随意接手一些体力劳动以维持生活，对待性往往也是开放的态度。不同于刻意设置的狂欢节（社会阈限），他们并不是巩固社会秩序的力量，而是用自己的行为表达对社会的批判，对现实的不满。[72]

在历史进程与现实生活中，我们会看到很多这样的类阈限行为。尤其是在缺少社会性狂欢节的地方，人们本性中自然的那一面无法被很好地释放，由此，部分人会主动制造出一些宣泄活动。这些宣泄倒不全是具有强烈反抗意味的，更多是为平时积攒的种种情绪寻找出口。酒吧、迪厅、音乐节，这些强调打破日常生活中的各类边界、感受共融之乐的场景，也可以这样去理解。如此演绎，生活中的刷剧、玩游戏、看比赛便成了每个人的"小狂欢",人们以此来短暂地脱离日常,进入到另一个世界中,投射自己的情感,进而释放情绪。商业资本又嗅到了这种情绪宣泄中蕴含的商机,因此,人为地制造出了"618""双十一"这类消费主义狂欢:早早打理购物车,分享和研究红包,在规定的时间抢购,因买到或没买到而情绪起伏。制定节日规则的人是商家,人们在规则的安排下,并不知道其他购物的人是谁,每个人的社会身份也是隐匿不见的,只是一起狂欢。

类阈限、类狂欢与前面那些阈限、狂欢有着明显的区别。它多是自下而上的,个体自发的,并未被社会固定下来甚至组织起来,比起对交融的渴望,其兴起往往是某个阶段社会过于压抑的产物。比如嬉皮士运动的重要背景是美国深陷越南战争,它用文化的方式表达对政治的抗议。这种自发性的类狂欢由于缺少控制,容易陷入无序和危险之中。嬉皮士运动发展到后期,有的参加者背离了早期的目标,甚至出现了借反叛之名的犯罪行为,这也多少导致了其他人对这项运动的反感以及它的终结。不过,就如狂欢节能为社会重新注入能量,嬉皮士运动虽然不再,但其不少观念已经被主流价值观吸收。如今的世界,社会压力越来越大,类阈限、类狂欢的行为也越来越多,其结果并不能被完全预料,每个社会都应直面这些现象,思考如何疏通社会情绪的课题。

此外,类阈限的行为或仪式并不全是对抗性、释放负能量、带有明显激情的，特定的群体有时会自成一派，进行一种形式温和的交融，比如朝圣。每种宗教都有自己的圣地，前往圣地瞻仰敬拜是很多信徒一生的梦想，朝圣的过程中，日常的身份被搁置，信徒以肉体的艰辛换取心灵的安生。它不意在打破社会结构，它只是远离了常轨，在特定的一部分人之间发生交融的感受。

如此看来，类阈限、小狂欢是普遍存在的，人类需要理性来维持社会秩序，也需要狂欢和交融来满足内心的需求。可以预见的是，只要人类存在一天，狂欢节就永远不会彻底消失，它会以各种各样的变体存在于生活之中。

⊙ 生死换位：从万圣节到圣诞节

说到这里，其实本章的内容已经基本结束了，但我实在忍不住画蛇添足，想介绍一则特别精彩的研究——20世纪最伟大的人类学家之一，列维–斯特劳斯对万圣节、圣诞节的结构主义分析。[73] 前面提到，万圣节设置了成人与孩子上下地位颠倒的机制，列维–斯特劳斯对此有着更深入的解读。

圣诞节是西方社会每年最盛大的节日，张灯结彩、家庭团聚之外，最必不可少的节目是圣诞老人送礼物。圣诞老人，即使是我们也不陌生——白胡子，乐呵呵的，骑着驯鹿，每年圣诞节的时候，偷偷从烟囱给小孩送礼物。孩子们相信圣诞老人的存在，也相信圣诞老人会给表现好的小孩送礼物。列维-斯特劳斯提出的问题是：小孩子相信圣诞老人很正常，但是成年人肯定明白圣诞老人是不存在的，为什么他们要配合小孩演这么一出剧？注意，问题的关键在于配合与形式。

列维-斯特劳斯认为，从圣诞老人的故事本身找不到这个问题的答案，但他发现，圣诞老人和其他文化中的一些神话人物有着类似的特征，比如神奇而永恒，周期性地复返，可以安抚小孩，这一系列的神话人物可以帮助我们找到破解圣诞老人之问的密码。美国西南部印第安人口中的卡奇纳（kachina）是当地的神灵，有些仁慈，有些带有恶意，每年有段时间，他们会回到自己的村落，惩罚或奖励孩子；许多地方传说中的啃指妖，会现身在危险的时间或地点，啃食小孩的鼻子和指头，人们便用他来吓唬小孩。在这些口传神话中，年长的人"发明"了各种故事，试图使年幼者听话并被驯服。按理说，无论是力量还是智商，年幼者本就处于相对弱势的地位，大人完全可以压制住孩子让他们顺服，发明这些神灵妖怪来哄骗孩子的用意何在？或者，换一种问法，为什么在从万圣节到圣诞节的这段时间内，人们要允许小孩拥有权力，大人必须要给他们糖，圣诞老人也非给他们礼物不可？

同样，从卡奇纳的传说中，列维-斯特劳斯找到了答案——卡奇纳是早期原住民小孩的亡魂，那些小孩死后变成了神灵，威胁当地人要扰乱他们的生活秩序。卡奇纳的力量，源于他们曾经的死亡——成年人之所以要安抚小孩，是因为小孩作为未被启蒙者，同时也是死亡的代言人。孩童与成人对立的背后，是死者和生者的对立。

当初读到这个大转折的时候，我的内心是："What？！活泼的小孩，怎么可能象征死者？"再怎么联想丰富，也很难把单纯的孩子和死者联系在一起，哪有这样的推理？然而至少有两个要素，让列维-斯特劳斯的论断并不是纯粹的发散性想象。

首先，在万圣节的风俗里，小孩不仅要讨糖，还要给自己画上恐怖的妆，扮成幽灵甚至骷髅去讨糖。如果仅仅是闹腾，为什么一定要扮成死者的样子？当然，万圣节的夜晚，大街上到处都是幽灵的元素，毕竟万圣节的正统寓意，是死者的节日。其次，还要关注节日的时间。从万圣节到圣诞节，正是一年中夜幕变长、白昼变短的日子，是死亡的阴影最重的时节。这段时间，人们往往会有沉重、压抑的感受。与这样的自然节律相对应，社会节律进入了生死颠倒的状态，于是在万圣节的时候，人们允许死者以小孩的形式复返，威胁、破坏现有的秩序，而到了圣诞节——这基本是一年中白昼最短、夜晚最长的一天，则用圣诞老人的礼物安抚孩子,让他们(即亡灵)离开人间。

如此理解之下,从万圣节到圣诞节,整个社会进入了阈限状态。人们在社会的安排下,颠覆日常的秩序,而且这秩序还不单是高低尊卑,更是生与死这一最基本的秩序。这段时间,人们允许死亡的力量暂时占上风,经由死亡的代言人——小孩的闹腾,感受死亡带来的压抑、痛苦。同时,人们创造了圣诞老人来压制小孩、压制死亡,以重新恢复秩序。圣诞老人结束工作的标志,是他送光了礼物,坐在雪橇车上,笑着对人们招手,离开人世间——这场由死亡带来的短暂阈限结束了,人们又恢复了正常的生活。

列维-斯特劳斯得出了自己的结论:圣诞老人是成年人经年创造出来说服自己的传说,人们借由相信圣诞老人,让自己相信生命。只要生与死的对立还在,圣诞老人就永不会消失。最初,圣诞节的意义是为了庆祝耶稣——这位被基督教信徒视为救世主的人物的诞生,而圣诞老人过于抢戏,以至于人们都快忘记了节日本身的意义,因此,这个白胡子老人并不受到正统教会的欢迎,甚至,有段时间圣诞老人被正统教会视为异端。1951年,法国教会把圣诞老人的塑像挂在了第戎大教堂的栏杆上,想公开"烧死"他。这样的行为引发了规模巨大的群众抗议,最后不得不作罢。可见人们多么需要圣诞老人,需要他讲述一个美好而郑重的故事。

以上看似不可思议的分析，让列维-斯特劳斯在思想界享有盛名。社会生活像是一串串符码，大多数人看到了事情的表象，而他做的是像福尔摩斯破案一样，深入内部去破解它们。传统社会中对自然、生死之类的表达相对直接简单，现代社会则用各种各样的符号和象征让这些主题变得隐晦不清。这当然可以算是现代人的智慧创造，但人们的内心需求很大部分地和传统社会的并无区别，就像狂欢与日常，社会生活仍旧会在诸多二元之间相互转换，如果只有单一向度，便不能组成整体性的世界。

第九章

洁净

洁净，干净，是指没有尘土、污染、污垢？或是更精准地说，经实验检测，没有细菌、病毒？但一则思想实验大概会让你重新思考这惯常的定义。

假如我把一双穿过的鞋放到锅里高温蒸一小时，再当着你的面放进专业消毒柜里灭菌，最后拿到实验室里检测，保证那上面一个细菌和病毒都没有。现在，我用这只鞋给你盛上牛肉汤，请问，你愿意喝吗？我想，哪怕全世界最顶尖的科学家保证它是干净的，喝了不会生病，我们仍然会觉得喝不下去。为什么经过了最严格的灭菌消毒工序和科学保证，我们仍觉得它不干净？我们明知道它是干净的，为什么心里会抗拒？回到日常生活，家人穿过的臭袜子，扔到洗衣篮里没有问题，但如果扔到你的书桌上呢？你可能就暴跳如雷了。看来洁净，不仅仅是一个卫生学的概念。

⊙ 卫生学之外的洁净

人们每天都会面对个人卫生、环境卫生等有关洁净的问题，但很少有人会思考这概念背后的道理。要理解什么是洁净，就不得不谈论英国人类学家玛丽·道格拉斯。整个20世纪，知名的女人类学家并不多，前面提到了写作《菊与刀》的本尼迪克特，还有她的同门师妹米德，玛丽·道格拉斯也是其中之一。

她认为，要真正理解什么是洁净，什么是污秽，需要回到医学革命之前。19世纪的医学界发现了细菌和病毒，为人们理解世界打开了一扇新的窗户。在此之前，人们并没有杀菌、消毒之类的概念，并不会从卫生学、医学的角度理解什么东西是"脏的"。所以，医学革命之前的洁净观更有助于我们理解这个概念。[74] 玛丽·道格拉斯写道：

> 如果把关于污秽的观念中的病原学和卫生学因素去掉，我们就会得到对于污秽的古老定义，即污秽就是位置不当的东西（matter out of place）。这是一个十分具有启发性的研究进路，它暗示了两个情境：一系列有秩序的关系以及对此秩序的违背。这样一来，污秽就绝不是一个单独的孤立事件。有污秽的地方必然存在一个系统。污秽是事物系统排序和分类的副产品，

因为排序的过程就是抛弃不当要素的过程。这种对于污秽的观念把我们直接带入到象征领域，并会帮助建立一个通向更加明显的洁净象征体系的桥梁。[75]

这一观点启发了一种对洁净与污秽的全新认识：干净意味着符合内心的秩序；人们之所以觉得一些东西不干净，从根本上说，是因为这个东西的"位置"不对。换言之，我们讨论洁净，意味着脑海中已经存在了一套有序的体系，而脏东西是"被有序体系所摒弃的元素"。因此，基于不同的体系，脏，便是一个相对的而非绝对的概念。食物本身不是污秽的，但如果把烹饪器具放到卧室里或把食物溅到衣服上，就成了脏的，类似地，客厅里出现一个本该在卫生间的马桶，贴身衣物被扔在办公的椅子上，这些都会被我们认为是不干净的——我们脑子里已经为家建立了一个内部分类系统，当一些东西出现在它不该出现的地方时，分类系统就被打乱了，这让我们觉得是不对劲的。

这样的分类系统，小到一个家，大到一个社会，很多时候它是一个特定社会中祖祖辈辈积累下来的传统。玛丽·道格拉斯把它命名为图式（schema）。我们对秩序的感受，是通过图式进行的。她进而意识到，分类图式之所以具有效用，从根源上来说，是因为它有着某种神圣性。这种神圣性，就西方传统而言，与宗教有密切关联。

身为虔诚的天主教徒，她最熟悉的文本便是《圣经》。在前面关于饮食的章节里，我们曾提到过《利未记》中，上帝为了保证以色列人的洁净，规定了什么可吃，什么不可吃，在这里，我们具体来看，什么（食材）在上帝眼中是洁净（可吃）的呢？陆地上的走兽里，蹄分成两瓣又倒嚼的，比如牛、山羊、羚羊、鹿，是洁净的，倒嚼但不分蹄的，比如骆驼、兔子，是不洁净的；水里游的动物里，有翅有鳞的是洁净的，无翅无鳞的是不洁净的。

玛丽·道格拉斯发现，上帝规定的洁净观同样遵循某种分类图式：洁净观念源于上帝创造的神圣秩序；所谓不洁净的，是被排除在秩序之外、难以被归类的东西。比如，人们通常认为在水里游的鱼应该是有鳞有鳍的，所以那些无鳞无鳍却可以在水里生活的动物，如鳗鱼，就被认为是不洁净的；那些足长得很像手却反常地在地上爬行的动物，如壁虎、蜥蜴，也被认为是不洁净的。上帝所创的这套秩序应该是清晰而明确的，世间万物对号入座，那些无法进入甚至挑战了这套秩序的事物，自然成了不洁净之物。

在很多宗教中，洁净都是信徒的重要标准。天主教和新教里，最重要的仪式便是洗礼，它是一个信徒真正皈依上帝的标志。传统上，神父或者牧师会让接受洗礼的人整个浸在水中，有时候是清水，有时候是河水，后逐渐简化为主持仪式的人在信徒的头上滴几滴水。无论过程如何，仪式的内涵是不变的——经由这一仪式,信徒以前的罪得以"清洁",变成了"干净的人",显然这干净具有浓重的道德意味。

说到水与净化,想起印度的恒河水,它之于印度教信徒的神圣性显而易见。很多印度教的信徒,每天会在恒河沐浴,以洁净自我。我曾在印度最著名的圣城瓦拉纳西(Varanasi),亲眼见到不少家庭带着小孩,甚至是襁褓之中的婴儿,在恒河边虔诚沐浴。与此同时,又有其他的家庭在岸边焚烧逝者的尸体,并把烧过的尸体的一部分放进恒河中。面对这样的场景,想必你的心情和当时的我一样,满脑子的"What?""这水怎么能洗得干净?",但在读了玛丽·道格拉斯的研究之后,我理解了他们的行为。对于信徒而言,洁净的观念和卫生学无关,而是基于他们头脑中关于洁净与肮脏的分类图式。这个分类图式往往是他们所信仰的宗教中的最高神规定的。信徒追求洁净,因为最高神灵是绝对无瑕的,只有让自己变得干干净净,才可以接近祂。虽然恒河水在卫生学上是不干净的,但恒河在信仰体系中的神圣地位让信徒相信,当他们从恒河中站起来的那一刻,便已洗净了身心。

⊙ 分类秩序中的异常

我们头脑中关于洁净的分类图式,为我们营造出了秩序的观念。在信徒眼里，世界的秩序是至高神创造的；对于很多没有宗教信仰的人来说，日常生活背后关于秩序的图式，往往是在成长过程中逐渐形成的。往大了说，分类图式来自人所处的文化，接受分类图式的过程，也是第一章里提到的文化浸染的过程，在成长过程中，分类图式会随着接受教育而印刻在脑中。往小了说，根据不同的出生地域、家庭、性格等，每个人会有属于自己的小图式，这在上一章谈到的饮食习惯中尤为明显。

大部分时候，分类图式是种内在于头脑的、无意识的存在。不过它并不总是那么"润物细无声"地潜藏着，有时会锋芒毕露。我们常听到有人说自己有强迫症，在我看来，强迫症意味着他/她的分类图式比别人更顽固，更不可动摇。我的儿子小时候也有类似强迫症的行为，他喜欢把所有的玩具火车排成一列，并且每节火车车厢要和前一节对齐，差一点都不行；如果有人不小心把他的火车长列碰歪了一点，他都会叫个不停。这曾经让我很"崩溃"，但一想，可能他有着比我更严格的秩序观，也就随他去了。

就像第一章谈到的文化一样，分类图式大多数时候是隐藏起来的，人并不会觉察到，只有在它受到挑战的时候，人才会意识到它的存在，并对心理、精神产生影响。这种挑战，很多时候表现为内心的不适——说不出哪里不对劲，但就是觉得不舒服。再次借鉴玛丽·道格拉斯的解读，以色列人的上帝在《利未记》里面对事物的分类,并非完全没有道理,日常生活中那些让人心里觉得不太舒适的体验或事物,往往是无法被简单分类的(比如菜市场里一盆蠕动的鳝鱼),或者是在秩序与分类的思路下,位置不对的(比如屋子里胡乱摆放的东西)。很多这样的感觉或认知,能在群体中达成一定共识。在非洲西部的一个部落里,曾经有很长一段时间,人们难以接受双胞胎,因为他们觉得在家庭或亲属群体中,女性一次分娩生下的孩子只能占据一个位置,如果有双胞胎出生,就没法在社会关系的分类图式里给他/她们安一个位置。于是,他们认为双胞胎会给整个部落带来不祥。

回到洁净的话题,在诸多分类图式中,尤其值得关注的是道德图式中的洁净,它不只存在于宗教群体的心中,在普通人的道德体系(秩序)乃至社会运转中同样占据重要位置。道德体系中的简单分类是好与坏,坏事、丑事往往可以用"脏"来形容。当一件事威胁到道德秩序时,就不仅仅是让人觉得不舒服这么简单了,而是会引发内心的焦虑。在莎士比亚的名作《麦克白》中,麦克白夫人怂恿她的丈夫杀掉了国王,并嫁祸给了两个无辜的侍卫。之后,麦克白陷入了深深的自我谴责中,对自己沾满鲜血的双手十分恐惧,觉得大洋里所有的水都不能洗净他手上的血迹,而他一手的血倒要把一碧无垠的海水染成一片殷红。麦克白这种"洗不干净"的焦虑来自他内心道德秩序的倾塌。他没办法为杀人这件事在道德分类里找到恰当的位置,因此没办法平息自己的焦虑。

面对无法分类的事物,人们的本能反应常是把它去除或把它放回本来应该存在的位置。在那个害怕双胞胎的非洲部落里,如果有双胞胎出生,人们要么杀死双胞胎或其中一个,要么把二人从亲属体系中排除出去,比如成为酋长的仆人,这样就不用考虑婚配嫁娶,不会破坏原有的社会关系。甚至,在苏丹境内尼罗河流域一带的努尔部落(Nuer)里,人们会认为双胞胎是鸟类,是"从天空而来的人""上帝的孩子",既然双胞胎不是人,也就不存在对人类秩序的危害了。[76] 回到最开始的鞋子盛汤的问题。在我们的分类图式里,鞋子是穿的,不是装食物的器具,这才是我们无法接受的根源。让鞋子归鞋子,汤归汤,发挥它们原本的功能,不适情绪也就缓解了。

大多数时候,去除法简单好用,但面对更复杂的情况时,往往需要改变认知图式。有些改变需要人为干预,如面对有严重强迫症的人,他/她的家属、咨询师得疏导他/她;而我那个非要把火车排列得整整齐齐的儿子,在逐渐长大后,也就不那么执着于此,这是个体分类图式的自然转变。历史和社会的变迁也会带来这种变化,随着现代医学的普及,非洲的那些部落逐渐接受了双胞胎,与双胞胎有关的焦虑自然就慢慢消失了。然而，当不洁涉及道德领域时，焦虑感未必那么容易消除。《麦克白》里，没有底线的麦克白夫人一直劝她的丈夫，只需一点点水就可以洗掉他手上的血迹，但麦克白就是无法接受。究其原因，还是因为杀人这件事已经突破了麦克白的道德底线，他没有办法通过任何方式缓解这种焦虑，在杀人之后，麦克白"杀死了自己的睡眠"，他再也无法让自己得到平静和安宁。

⊙ 污化、净化和替罪羊

以上都是先出现了挑战分类图式的东西，引发了人们的焦虑（在图式的逻辑下，挑战者与引发焦虑有着直接关联），于是人们去解决它。但这顺序也可以颠倒过来——先是社会里滋生某种焦虑情绪，人们需要某种方式去排解，再是另寻挑战分类图式的东西，此时，排解焦虑的出口往往会指向存在于社会边缘的、无法被归类的人。不管这些人是不是真的罪魁祸首，他们都会被安上社会性的污名，成为替罪羊。这是一种社会性的净化,但洁净始于人为的"污化"与随之而来的"去污"。

替罪羊的社会机制并不少见，"毒药猫"是其中的典型。羌族主要分布在四川的北川、汶川、茂县一带，这片区域也是 2008 年汶川大地震的重灾区。人类学家王明珂曾在那里做了很长时间的调查，他发现当地的寨子里存在一种毒药猫现象。[77]

毒药猫，指的是一种会变化、会害人的人，且几乎都是女人。她们或变成动物害人，或用指甲施毒害人。根据当地人的说法，毒药猫在白天与常人无异，到了晚上，身体睡在家中，灵魂就游荡出去了。据说，每个毒药猫都有一个小口袋，里面装有各种动物的毛，要出去害人的时候，就往口袋里摸一把，摸到什么动物的毛就变成什么动物。害人的主要方式是把走夜路的人吓得摔到悬崖下去。出于对毒药猫的恐惧，寨子里的人晚上都不敢走夜路，小孩子不敢出去上厕所。人们也会将村寨里一些意外灾难，比如流行的疾疫、莫名的食物中毒、山中突来的怪风或落石、忽然野性发作的家畜，都归因于毒药猫。这些时候，人们会修理毒药猫，比如让他们认定是毒药猫的女人去大河里清洗自己，把毒都洗掉，来避免灾祸再次发生。

我们当然会认为这是一种迷信，可羌族人为什么会相信毒药猫的存在？根据王明珂的分析，曾经的羌寨，基本处于与世隔绝的大山之中。在传说里，他们总是生存在一个充满危险的环境中，羌寨周围的人都不是好人，自然条件又险恶，于是，他们把对外部世界的恐惧投射在了部分人身上。可为什么是女人？羌寨是一个父系社会，媳妇或者即将成为他人媳妇的女性都是外人。按照当地人的观念，媳妇虽然嫁进了自己家，但终究无法被当成自己人。在当地传说中，女人经常把家里的事告诉她的弟兄，也就是相对于父系家族成员而言的"母舅"；在现实中，女人也经常引入弟兄的力量，干涉儿女的管教、嫁娶、分家产等问题。如此一来，在某种程度上，她们是无法被归类的人。与这种社会现实相对应，人们相信毒药猫连自己的儿子都要加害，甚至专挑自己的儿子供其他毒药猫飨宴之用，但绝不会加害自己的弟兄。在很多故事中，毒药猫被揭穿后，丈夫就要她娘家人把她领回去，以保证自己村寨的安全。毒药猫是一种民俗观念，更是现实生活的折射，它代表父系与母舅两种社会体系之间的张力，从心理上看，又是人们对外部恐惧的一种表达。

把"外人"当成替罪羊，是典型的寻找无法分类之人的方式。乾隆年间，发生过一次群体性的恐慌事件，矛头也落到了外人身上。[78]事件最早从江南地区流行开来。据说，那里来了一些游方僧人，他们会乘人不备，剪去人的发辫，再通过对从辫子末端剪下来的头发念咒语，把头发主人的魂从身上分离出来。这套做法被叫作"叫魂"，被叫魂的人被窃取了精气，很快便会生病或死去。这本来是小范围内的传说，但很快流传得越来越广，社会上出现了一波接一波针对外来人的恐慌。僧人以及四处乞讨的乞丐成了人们重点怀疑的对象。人们捕风捉影地搜集证据，再把所谓的

第九章 洁　净　　203

可疑之人送到衙门严刑拷打，在大刑面前，很多人会因受不住而"招供"，这又成了下一波追捕的正当理由。

乾隆年间虽是商业发展的盛世，然而从普通百姓的角度看，商业发展并不意味着他们的生活变得更安全、更有品质；在一个充满竞争且十分拥挤的社会中，普通人的生存空间反而变得更小了，压力变得更大了。他们不得不为生计投入更多的劳力，还要与外人展开竞争。于是，人们开始把这种不满与压力投射在外人身上。不管是游僧还是乞丐，他们都没有和社区内部连接的纽带，是典型的外人。虽然没有个人恩怨，但人们的怨恨与压力还是集中发泄在了他们身上。发展到后面，甚至乾隆皇帝都开始疑心，认为这些人不仅是为了搜集人的魂魄，还想要谋反，于是发动了一场全国性的大清剿。最终搜集上来的，却是颠三倒四的故事和自相矛盾的证词。皇帝之所以如此，不仅是针对叫魂事件本身，研究者认为还与他长期以来对官僚体制及江南文化的不满有关——皇帝自己也有强烈的不安全感，他和民间一样，在用寻找替罪羊的方式发泄他的恐惧、挫折与不安。

类似的现象还有中世纪欧洲臭名昭著的猎巫运动，尤其是猎女巫。当时，欧洲经历了一系列的经济危机，包括农业衰退、贸易萧条、通货膨胀、财政困难等，这些危机之下，社会动荡，饥荒、瘟疫、战争、暴动随处可见。灾难使得人们的生活水平下降，贫富差距加大，阶级矛盾激化，人们对未来失去了信心和希望，整个社会都陷入到一种恐慌之中，而女巫成了替罪羊。长得漂亮的女性、不爱说话的女性、长着胎记的女性、独居的女性经常被怀疑是女巫，只要有一点莫须有的证据，便可能会被抓捕、拷打，一旦"招认"，便会被公开处刑，财产被民众瓜分。据不完全统计，在三百余年的时间里，大约有两万五千名女性遭到处死，考虑到各处没有被记载的处死女巫事件，受害者数量可能达到惊人的数十万人。[79]

我们可能很难理解为什么会有这样一场针对女性的、莫须有的运动，会认为它是迷信的产物，但它也是群体焦虑的集中爆发。毒药猫、叫魂、猎巫，它们都有类似的机理：一个相对封闭的社区，由于资源竞争、突发事件等，出现了普遍恐惧，然后人们会去找替罪羊。这些替罪羊通常来自外部，但又与内部有着复杂的关联。有一种理论认为，猫从来没有被人类真正驯养，而是介乎驯养与野生之间，这与男性主导的社会结构中女性的状况相似。无论是女性还是猫（当然，这又可以开启一个新的话题），在传统分类图式中都难以被归类，在羌族的例子里，人们便用猫来指称嫁入羌寨但又无法断绝和母家关系的女性，在猎巫时期，邪恶女巫常与猫为伴或化身为猫。叫魂案中备受欺凌的游方僧人，在正常状态下，也是社会的组成部分，有些人不方便去寺庙的时候，会让他们来家里念经、做法事，可一旦恐惧发生，他们又首先成了怀疑对象。

替罪羊的问题，就像是社会性的卫生学课题，一旦在某个社会里某种类别的人被认为是替罪羊，就相当于给他们贴上了污名（stigma）[80]。身负污名的人，很难靠自己的力量去除这个标签，面对疯狂的指认，他们的辩解是苍白无力的。这种替罪羊的机制，只有在社会发生整体性的变化后，才会逐渐松解。随着社会的发展，羌族人面临的疾病和意外风险以及与邻近村寨间的矛盾比以前少了很多，所以羌族人说现在毒药猫少多了，没过去凶了。而闹剧一般的叫魂运动，也只有等到以乾隆皇帝为首的官僚系统散尽了自己的恐惧，才逐渐平息下来。

⊙ 与不洁净共存

有意思的是，虽然羌寨里的人很害怕毒药猫，但他们会说"无毒不成寨"——虽然毒药猫不好，但一物降一物，以毒攻毒，总会有办法解决的，而没有毒药猫的寨子，是不完整的。这句俗语意味深长：绝对洁净和绝对安全的地方是不可能存在的，绝对纯洁的环境是空谈与危险的，在生活中，我们终要学会和不洁净共存。

今天的社会，尤其是后疫情时代，我们说起不干净，最先想到的应该还是细菌、病毒等概念。病毒作为没有细胞结构的微小玩意儿，在地球上存在的历史可比人类久远得多。自人类出现以来，历史记录中病毒几乎无处不在。肆虐全球的新冠病毒只是人类经历过的无数病毒中的一种，此前天花、黄热病、流感、艾滋病等，无一不给人类健康、社会稳定造成了巨大的伤害。我们认为病毒是脏的，是可怕的，但它又是自然环境中不可缺少的一环。没有病毒的制约，细菌和真菌将泛滥成灾，对所有多细胞生物都是致命的威胁。科学家们发现，在人类进化的过程中，病毒还起到过积极的、筛选免疫能力的作用。逐渐地，人类也学会了和种种病毒和平共处。

理解与不洁净共存，不仅具有生物学上的意义。从社会层面来看，羌族的寨子也好，我们自己生活的社区也罢，都不可能完全隔绝外人。没有外人，社会功能便无法完全发挥。人们虽然倾向于把难以分类的、异质的外人视为危险的来源，但这些外人是社会不可或缺的组成部分。现代社会的流动性比传统社会更强，人们面临的外人越来越多，自己也越来越容易成为外人。过去，大城市里的流动人口在城市工作赚钱，但很多人的家庭还在农村，他们容易被视为社会中位置不明确、带有不安定因素的外人。在观念尚未转变的时候，很多城市居民看不起这些流动人口，会把"脏乱差"等城市治安和形象问题简单归结在他们头上。但逐渐地，人们意识到如果缺少了这些流动人口，城市，尤其是大城市，根本难以运转，于是，问题就从"如何把他们赶走"变成了"如何让他们留下来，成为我们的一员"。的确，很多外来人口慢慢地将家庭迁到了城市，安家立业，随着他们的融入，最初的不安与污名也会逐步消失。

我们曾多次提过，现代社会是一个充满风险与没有安全感的社会。每天，人们会面对很多新的事物，这意味着需要不断调适、拓宽自己的认知图式。在遇到一些无法被归类的新事物时，焦虑是难免的，如果不寻求合理的应对途径，只是将焦虑情绪转嫁到无辜的人身上，一切无济于事。人不可能活在一个完全封闭的社会，就好像不可能在日常生活中创造一个完全无菌无毒的环境。学会与不洁净共存，是试着放下紧绷的神经，安置自身以及与他人、与世界的关系。

第十章

人工智能

看到这里，这本小书已经接近尾声了。最后，我想试图讨论一个现在很热门的话题，人工智能。如今，对话机器人、认知大模型等给人一种无处不在的感觉，2025年一开年，中国制造的人工智能模型DeepSeek又迅速火遍网络。

或许是人类徒劳的烦恼，但人工智能在让我们的生活变得便利的同时，也确实带来了很多困扰。以我的职业为例，遇到学生提交的"有嫌疑"的期末作业，我们这些老师总会聚在一起猜，这是不是某人工智能模型生成的成果。

进入21世纪以后，我们被逼着学习一个又一个的新词汇：算法、大数据、大模型、系统……最初，我们热烈拥抱这些新事物，随着它们的迅速普及，却越来越有种被人工智能绑架的感受。应该如何理解人工智能？它会给我们的未来带来什么？关于这个问题，现在已经有了很多热烈的讨论，把它放在最后，是因为人工智能是对人类本性的巨大挑战，亦是人类未来可能面临的最大难题之一。这本书始终想讨论的是人的本质及其可能性,我也邀请你从人类学、社会学的视角,加入这场暂时不会停歇的热议。

⊙ 新品种的人类

一般认为,使用工具是人和动物最根本的区别之一,恩格斯指出,动物虽然能够使用一些简单的工具,但它们对工具的使用是本能的、零散的,而人类能够想象、设计、制造、使用和改进复杂的工具来适应各种环境和需求。最早被用于制造工具的材料是石头,人们简单打制河边的砾石或岩石,用来切割、敲碎或挖掘动物骨肉、植物块茎等。新石器时代,工具的制造技艺越来越复杂,除了作用更大的石器,又出现了陶器、玉器等。人类进化的历史,也是工具生产逐渐规模化,制作越来越精良的过程。

就目的而言,使用工具是为了拓展人类生理的极限,完成靠自己的身体能力无法完成的事。逐渐地,工具和人类之间的协作配合越来越深入,甚至结成一体。"赛博格"一词,描述的就是这种工具和人类结合的状态,或者说,人工智能和生命体结合的状态。

赛博格这个概念最早是美国航空航天局的两位科学家提出的。20世纪60年代,这两位科学家从 cybernetic organism(控制论有机体)这两个词中各取前三个字母构成一个新词：Cyborg。赛博格，是把由无机物构成的机器变成有机体、身体的一部分，但仍旧由有机体控制。它通过机器，弥补、拓展或者取代了原有的有机体功能。当时的科学家希望将这个概念应用到航天领域，试图通过生物和技术手段，对在外太空作业的宇航员身体机能进行超越，使人类在严酷的环境条件下保持富有活力的生存状态。虽然相关构想并没有真正实现，但这个名词很快广为人知，并被应用到了其他领域，尤其是医疗界。

人们熟悉的残疾人安装的假肢、假眼，甚至老年人安装的假牙、心脏起搏器等，都属于赛博格的范畴。这当然是初级阶段，以前的假肢、假眼只是安在那里保持器官完整性，实际作用有限，而现在，这些机械可以真正和人类融为一体。在著名的日本动画电影《攻壳机动队》中，有这样的设定：在高度科技化与信息化的未来世界，有个遭遇飞机事故的小女孩，只有大脑和脊髓被原样保留，身体其他部分全部机械化。她成了半个人造人，但好处是从此她的大脑可以连上全世界的电子网络，随时调用各种信息，再加上机械身体，她的战斗值极高，屡破奇案。这是赛博格的极端案例，将有机和无机的结合发挥到了极致。这部电影上映于1995年，今天，电影中描绘的图景已经部分地在现实中实现，因车祸而高位截瘫的人可以通过植入式脑机接口，用"意念"控制机械手臂进食、握手、写字、操作电脑等。

进一步来说，今天的赛博格已不再仅限于特殊职业从事者或生病的人，而是扩展到了每个人的生活中。2013年，人类学家安柏·凯斯（Amber Case）在 TED 上发表了著名的演讲，《我们都是赛博格》("We Are All Cyborgs Now")——现代社会中的每个人都无法逃离与人造物共存的命运。我们并不是外太空宇航员，也不是肢体残疾或生病的人，这里的"与人造物共存"如何理解？细想之下，我们是否都会深度地使用某种智能工具，以至于感觉这个工具和我们的生活、身体是一体的？如果几分钟不看手机，现在很多人会觉得有点焦虑，更遑论把手机收走一天，肯定会觉得生活缺了点什么。这种"缺了点什么"的感觉，意味着手机虽是外在于人类的，但在心理上，人们已经把它视为了自己的一部分。

凯斯说，传统人类学家做的事情是跑到别的文化、国家中，说"这些人真有趣，他们用的工具也很有意思，他们的文化真特别"，然后把自己的见闻写下来给其他人看。想象一下，一位传统人类学家忽然来到了今天的地球，看到那些走路都盯着手机不放的人类，他/她一定会感到很新奇，甚至会说："我发现了人类的一个新品种！"新品种的人类，必须处理自己和自己造出来的工具之间的关系。在工具呈现的虚拟世界里，人会有另一个自我，朋友圈、微博、评论留言，都可能是另一个自我的呈现。人必须要协调这个自我和现实世界自我的关系。可看着网瘾青少年、满地铁车厢的"低头手机族",这并非个体性的事件,而是全社会需要共同面对的问题。

⊙ 被困住的人类

今天,人类和工具的关系已经发生了颠倒。最初,人类制造工具是为了减轻自己的负担,服务自身,工具是人类的附属。在历史上的很长一段时间里,工具都很好地完成了这个目标。如今,工具开始反过来告诉人们应该怎么做事,甚至人们发现不管自己多么拼命,都难以达到它们的要求。

2020 年,一篇名为《被困在系统里的外卖骑手》的报道火遍网络。根据这篇文章,我们平常点外卖用的应用程序,其运作基于一套算法。这套算法设定了很多关于时间的规定,取餐时间、送达时间、超时赔偿等——前提是外卖骑手都像机器一样工作,不会出现任何意外。它没有考虑下雨、交通、电瓶车故障等情况,骑手如果超时,就可能会被投诉,还要支付赔偿。文章里描述了骑手们如何被系统创造的算法困住,他们闯红灯、超速、逆行,冒着吃罚单甚至生命的危险,只为满足不超时的要求,然而他们发现,跑得越快,系统的要求就越高。当骑手的系统中累积了更多用时更短的数据时，基于数据的算法会被再次训练，系统要求的一系列时间会进一步缩短。这几年来，骑手因赶时间而出车祸、与保安起冲突等事件屡见不鲜，但情况仍旧没有得到彻底改善。

或许你也有类似的经历。有一天下着雨，很冷，我钻进了某家连锁品牌咖啡店，想当面向闲在那里的店员点单，却被告知必须用手机扫码下单。偏偏那家店位置偏僻，手机一时连不上网络。店员很客气地说："可能您需要出门才有信号。""可是外面在下雨，我直接点不行吗？"店员仍旧很客气："不行，不好意思，您要么出门试试。"最终我只能站在雨中瑟瑟发抖地下单。那一刻，我特别深刻地理解了被工具和系统困住的感受。

这种系统带来的困境不仅存在于个别行业或某套具体的线上程序，还在于整个社会的运作方式及评价标准也变得越来越算法化（关于抽象的系统带来的社会影响，在第四章亦有讨论）。在算法的操控下，人类逐渐变成社会机器上的螺丝钉，按照系统要求机械地完成工作，却找不到工作的价值和意义。之前提到过的人类学家格雷伯，激烈地批评了这样的工作状态。

格雷伯是一位激进的人类学家，经常参加社会活动，是 2011 年美国"占领华尔街"运动的主要策划者之一。格雷伯的母亲曾是一名制衣工人，活跃于当时的国际妇女服装工人工会，经常参加各种工人运动。母亲的经历间接影响了格雷伯的思想，他经常思考，今天的社会形态和工作形态是什么样的。2013年，应西方一本激进刊物的邀请，格雷伯写了一系列批评工作的文章，后结集成书，即著名的 *Bullshit Jobs*（《毫无意义的工作》）。[81] 在这本书里，格雷伯提出了"垃圾工作"的概念，即工作内容是"完全无所谓的、不必要的或有危害的，甚至连受雇者都没办法讲出这份工作凭什么存在，这种雇佣类型就叫垃圾工作"[82]。格雷伯把垃圾工作分为五类，我们可以简要看看其中的三类。

第一种工作叫"随从"（flunkies），它的作用主要是让上级觉得自己重要，有点类似于封建社会里跟在地主老爷身后的奴仆。在格雷伯的调查报告里，有个女孩是一家出版公司的人力资源助理。这头衔听起来还不错，但她觉得自己之所以有这份工作，是因为她的上级需要维持一个领导者的形象。她办公桌上的电话从来没有响过，需要录入的资料她5分钟能全做完，所以她每天只需要花1小时就能把活儿干完。剩下的时间里，她刷视频，打游戏，也没有人会管她。她甚至认为，这份工作完全不需要存在，她的老板可以顺手就干了。有人会觉得这是个好工作，有钱拿，事儿少，但这个女孩感到很痛苦。

第二种叫"打手"（goons），格雷伯认为它们是有害的工作，因为这类工作不需要员工掌握实际的生产技能，而是诱使顾客产生根本不存在的欲望,并通过这种欲望驱使的消费行为赚钱。格雷伯和一名广告文案从业者进行了访谈。他原本以为自己的工作是给人创造价值,但实际上他需要夸大甚至虚构产品可能不存在的功效,而顾客并不真正需要那些产品。出于工作需要,他不得不一再修改、加工文案,跟顾客吹嘘这个广告商的产品多有用。他常常觉得自己在拐卖顾客。

第三种工作叫"打钩者"(box tickers)。在格雷伯的调查中,有一份工作是询问疗养院住户们的业余爱好,然后填表,录入到电脑里,录入完成后,工作就结束了。至于这些爱好要不要变成疗养院的福利,管理层无人关心,因为询问、填表、录入,这已经算是完成了关心住户的任务。还有一位耶鲁大学的学生,她因家庭变故忘了提交选课表格,但她坚持上课并提交了质量很高的期末论文。直到最后要录入成绩的时候,教授们才发现,她根本没有选这些课!这引发了研究生院冗长的讨论,最终,这名学生还是被退学了。格雷伯嘲讽的是,在行政体系中,确认一个人做了某件事并不取决于当事人提供的诸多成果、证据,而是取决于有没有填某张表格,也就是形式主义。

你有没有在以上工作中,看到自己的一些影子?格雷伯一针见血地指出,劳动者工作并不仅仅是为了赚取报酬,还有实现自身价值的期待,然而,资本和系统联合起来,营造了一个巨大的怪笼,把每个人困在其中。在现代社会中,我们往往发现自己干的工作越来越没有意义,好像只是在一个莫名的、巨大的系统中消耗时间和精力。劳动者控制不了自身,只能从事自我欺骗式的空虚劳作。

我们越来越熟悉的一个词,"内卷",它最早是人类学家格尔兹(Clifford Geertz)用来描述印度尼西亚农业生产的,原意是说爪哇人的土地数量有限,由于缺乏资本,加上行政性障碍,他们无法将农业向外扩展,致使劳动力不断填充到有限的水稻生产中,于是单位生产效率越来越低。内卷,是过度竞争或复杂系统造成的无意义的消耗。如今的社会正陷入了这样的情况,企业员工卷,高校教师卷,小孩也同样卷——如果你和我一样,正好是学龄儿童的父母,一定特别理解我在说什么。面对早早佩戴上眼镜,沉浸在题海而不是笑声中的孩子们,父母们往往会觉得很无奈,但又没有"不鸡""不卷"的勇气。可我们无法明确这是谁的过错。

内卷,并不是通过劳动来创造新的生产力和生产价值,而是在既有资源环境下的无谓消耗。人们在没有实际意义的评价体系中耗费时光,缺乏真正可贵的收获,甚至由于无谓消耗了过多心神,已没有气力关注真正美好的事物。作为一名高校教师,有时我感到年轻学子眼中的光越来越淡,对知识本身的渴求降低了,对绩点和成绩的渴望越来越高。在我的学生时代,无关功利、纯粹地沉浸在知识海洋中的快乐,深深塑造了现在的我,但我无力、不忍批评现在的学生们。我们都被人类自己制造的系统绑架了。

⊙ 计算机会思考

内卷的同时,又出现了"躺平"——我不工作了,什么事都不干了。人们通过这种方式、说法表达对现实的不满,可问题解决了吗?其实并没有,即使不工作,生活仍旧逃不开系统的捆绑。无处不在的软件、平台,改变着人的时间观,分割着日常生活,那些只需要动动手指的行为不断重复,让人在不知不觉中形成对身外之物的严重依赖,这多少有点逃无可逃的意味了。

另一方面,当人们疲惫工作又难以感受到意义的时候,社会还存在着另外一个更加可怕的前景——所有人,至少绝大多数人,可能不再需要工作。2013 年,牛津大学的两位教授发表了一份著名的研究报告,《就业的未来》("The Future of Employment")。[83] 报告里提到,未来 20 年间,美国有 47% 的工作很可能被计算机取代,包括保险业务员、裁判、收银员、公交车司机等。如今看来,这预言正在四处成真,如果波及的行业越来越多,未来会发生什么?就在我写作这篇文章的时候,特斯拉宣称自己造出了真正全自动驾驶的汽车——未来的某天，马路上是 AI 自动驾驶的车，骑着电瓶车行色匆匆的配送员被机器人取代，那时，人类可能才成了多余的那个，在机器的丛林中小心翼翼地穿梭。

更加值得注意的是，今天的人工智能不但具有人类难以想象的高度计算能力，而且已经开始自我学习和思考。2017 年，名为 AlphaZero 的 AI 在没有任何人工干预的情况下，3 天内学会了国际象棋、围棋和日本将军棋，并且在国际象棋的对弈中战胜了当时的世界冠军程序 Stockfish。从计算能力上看，AlphaZero 比不上 Stockfish，但它对国际象棋的理解比后者深入得多，凭此它赢得了比赛，只不过，它还无法用人类的语言向人类表达这一切。以前人们常说，人类一思考，上帝就发笑。今天，似乎可以把这句话改一下，AI 一思考，人类就心惊。

甚至有一天，AI 会告诉人类：停止思考吧，让我来帮你。这也不是危言耸听，而是已部分地变成了现实，GPS 是典型的范例。过去，人们找路靠的是问路、口头传达、身体经验、记忆和纸质地图；而现在则严重依赖 GPS，即便有时它会把人带到死路。为什么？因为惰性——那些在人的成长过程中需不断经历、思考而获得的能力就像肌肉，用进废退，当人们发现"不用也挺好"时，就不知不觉走上了躺平的道路。

慢慢地,人工智能涉及的生活领域越来越细,还开始提供情感需求,我们把越来越多的事交给 AI,甚至让它来告诉我们,"我是谁"和"我应该做什么"。让大数据比你自己更加了解你,这从技术上可以说已经实现了。如果允许系统监测你的每次呼吸、每个动作、每次情绪变化时身体发生的微妙变化,那么,系统对你的认识很快便会超过你自己,小到看哪部电影,大到选哪个工作,它都可以给出精确的建议。比如,你可能会问:"嗨,现在有两个人在追我,我该怎么办?"系统或许这样回答:"基于从你出生到现在的全部记录以及你和那两个人在一起时的所有数据,包括心跳、血压、血糖值的变化等,再基于我算法中几百万对伴侣的统计资料,我建议你挑选 X。大约有 87% 的概率,你对他／她的长期满意度会比较高。"我不知道有多少人愿意接受这样的 AI 管家,这可能是一个有争议的话题。虽然没那么彻底,但人们正在离这一步越来越近:跑步的时候,用 app 记录步数、频率和心跳;睡觉的时候,用 app 记录睡眠时长和质量;追求健康生活的人士,让 app 分析自己每一餐的热量和营养摄入……与此同时,我发现身边不少人,越是追求精确越焦虑,越是关注睡眠数据越睡不香,但他们又无法摆脱这样的监测与管理。

人们主动送出了生活的自主权,AI 也乐于接受。那些发掘自我、感受身心、了解自己与他人的过程,似乎因技术的包办而被快速略过。当人们愈发依赖数据告诉自己"我怎么样""我该做什么"的时候,离AI定义"我是谁"的日子还会远吗?想象一下,未来的大多数人类没有了工作,只是被机器人"包养"着,20多年前的电影《黑客帝国》中的场景,可能会发生在我们中间。这样的生活,你会期待吗?

⊙ 社会性,亦是人性的回归

讲到这里,未来似乎成了无机质的灰色。当AI在数据处理能力上远超人类,并逐渐发展出某种智力的时候,人类相比AI,优势究竟在哪里?在我看来,优势恰好不在于人们正在内卷的方面,而在于本书始终在强调的社会性。

社会性,是和同伴联结,结成社会,进行大规模合作与延续文明的能力。这能力一方面包括理性的范畴,比如达成契约、制定规范、计算得失等;另一方面又不能忽视情感,具体到个人,是我们和他人形成同感和共情的能力。AI提供的情绪价值,是基于内部的大数据和算法,而不是对某个个体现实生活处境的切身体会和同感。这种同感只有身边的人才能给予,人在刚出生的时候,对于父母,对于身边的人,会有一种天然的想要建立关系的愿望,这种关系更多落在了情感体验上。对新生儿的抚触无非是轻轻地拍拍、抱抱，没有太多实际价值，但传递了他/她在被关注、被爱的信息。情感上的支持和分享对未成年人的健康成长至关重要，对于成年人来说，也是心理健康不可或缺的部分。令人叹息的是，人们越来越忙，但忙着应付系统制造出来的要求，留给亲朋好友进行情感交流的时间越来越少。这些年，人群间的淡漠感变得普遍，就像前面章节谈到的婚恋话题，当一个人在刷题和网络中长大，又进入了恶性竞争的环境，体会不到与他人拥有情感联结的幸福感时，他/她怎么会从内心去渴望亲密关系？

　　再说回工作，人究竟为什么要工作？按照马克思的说法，劳动是人性的需求，是人塑造自我和实现自我的方式。我认为这里的需求，是一种社会性的自我实现，比如通过为别人做点什么，来找到生命的意义，这可以是工作的价值之一。当工人做出产品，使用者感到真好用；当交通警察坚持站岗，交通得到疏导；当教师上了一堂课，学生豁然开朗……这些在社会性的联结中被认同的时刻，便可以是人们获得意义感的时刻。对于很多人而言，家，这个社会最小的组成单位，无疑是很重要的依归，与家人的联结，让他们撑过工作的艰辛。也正是这种对社会性联结的期待，让我写下了这本书。虽然我看不到现在在读着它的你，但我相信，既然你看到了这里，你我之间便产生了某种意义上的共鸣。这种共鸣，是推动我们写作与阅读的动力。

反过来讲，工作中缺少社会性联结，会有灾难性的后果。2010年的富士康连续跳楼事件，估计大家都还有印象。那些工人在流水线上待一天，可能一个人都见不着，压根没法和社会产生切实可感的关联。他们在工作中找不到意义，看不到未来，最后选择了极端的方式与世界告别，不禁令人唏嘘。差不多同时期，社会上一类叫"杀马特"的群体，曾引起不少人的关注。杀马特里有许多人是工厂流水线上的工人，他们会用把头发染成奇怪的颜色、穿着奇特的服装等方式来彰显自己。当时，很多人嘲讽他们，但这是他们和人产生联结的一种方式。在采访中，他们之中有人说，平时在工厂没人关注自己，但因为奇怪的造型，被人指指点点，反而觉得自己真实地活着。逐渐地，杀马特形成了自己的小圈子，在里面分享彼此的感受，彼此关心，营造温情。

　　前面提到的《就业的未来》研究报告，其中有一条很有启发性的信息：未来最不可能被AI取代的职业是考古学从业者，因为这份工作需要极为精湛的模式识别能力和思考深度，但利润又很微薄，所以很难想象会有企业或政府愿意在未来投入足够的资本，将考古自动化。如果一个人真正愿意从事这份工作，我们往往会相信他/她对考古是极其热爱的。热爱本身，其实就构成了一种意义。古希腊哲人柏拉图在讨论人性的时候，把人的灵魂分成了三个部分，

第一部分是欲望,即生物本性,第二部分理性,是对欲望的控制和利益最大化,第三部分则是激情,指某种不受理性控制,甚至非理性的部分。他认为,激情是一种好奇心和求知欲,对应的德性则是勇敢。[84] 按照理性的判断,考古学没有办法产生足够的价值,因此没有被列入 AI 的统筹,但对于真正热爱它的人来说,激情的驱动仍然会让他们投身其中。我真心希望在看这本书的你们,在人生中需要做出关键决定的时刻,理性和计算之外,倾听自己灵魂中真正热爱的声音。

作家韩松落曾经写道:人类会在自己造出来的物件面前羞愧。一个机器,是那么光滑、锃亮、无缝,忠实地执行指令;而人,是那么跌跌撞撞,容易腐朽。所以,人过时了。诚然,人类在效率、计算和理性层面已经难以和 AI 抗衡,但作为物种的人类拥有的感性、同情、爱、关怀等,是我们不应忘记也不应丢掉的最美好的品质。AI 尚无法构建出一个大规模的社会世界——在那里,最高的原则不是效率,而是正义与公平以及尽可能平衡不同个体、不同价值观的希冀。这是社会性在宏观层面的体现。

凯斯在《我们都是赛博格》的演讲最后,讲了这么一句话:最成功的科技,到最后一定是具有人性而非技术性的。人类自出现那一刻起就在不停地制造工具,但无论什么工具,它被制造的目的都应是服务于作为总体的人和世界。同样是咖啡店扫码下单的故事，不同于前文的尴尬处境，我也曾遇到过一家听障人士开的咖啡馆，店里面挂着一块牌子，"无声咖啡师，请扫码点单"。在这里，AI成了人的助手，弥补了人的残缺。这些事让人们觉得温暖，不是因为它在技术上有多让人惊叹，而是因为它触碰到了我们的心灵。梵蒂冈曾发布一份宣言，其中一条是，人类的心灵法则不应该是基因改造的对象。无关信仰，心灵法则是我们应当守护的东西。

当我们从人性的角度出发，如何面对人工智能，至少有了正确的思路。现在，各个国家都已经开始探讨限制人工智能的问题。比如，欧盟拟立法，限制人工智能影响个人或群体的行为、意见或决策以致其处于不利地位或受到伤害；在雇用或晋升员工、获取社会福利或追踪犯罪等方面，人类应当拥有最终决定权等。以《人类简史》三部曲风靡全球的赫拉利（Yuval Harari），在新近接受的采访中提到，人工智能具有与人类完全不同的能力，且没有人类天生的种种限制以及在心理方面的保护，因此，人们需要创造一套全新的道德规则来应对它。[85] 这套道德规则，在每个国家可能都有所不同，但指向应当是一致的，即保护人性。我们曾谈到，社会性也是人的天性之一，人有集群的需求，在群体中实现自身，在群体中相互帮助，保障弱者的基本生存，并创造更好的生活。这也当是技术发展不能忘记的初心。

曾读到这么几句话：Where is the life we have lost in living？ Where is the wisdom we have lost in knowledge？ Where is the knowledge we have lost in information？真正的生活、智慧、常识到底在哪里？我们从不追求完美的人生。人之所以美，正是因为人能包容不完美，并在不完美的基础上建构社会世界。

参考文献

1 参见[美]李相僖、[韩]尹信荣：《想太多的人类学家》，陈建安译，天津：天津科学技术出版社，2020。

2 参见[美]露丝·本尼迪克特：《文化模式》，王炜等译，北京：社会科学文献出版社，2009。

3 参见[英]保罗·康纳顿：《社会如何记忆》，纳日碧力戈译，上海：上海人民出版社，2000。

4 参见[英]蒂姆·英戈尔德：《人类学为什么重要》，周云水、陈祥译，北京：北京大学出版社，2020。

5 参见[英]马凌诺斯基：《西太平洋的航海者》，梁永佳、李绍明译，高丙中校，北京：华夏出版社，2002。

6 参见[英]马林诺夫斯基：《文化论》，费孝通等译，北京：中国民间文艺出版社，1987。

7 [英]马林诺夫斯基：《文化论》，费孝通等译，北京：中国民间文艺出版社，1987，第14页。

8 [加]路德·穆勒-威勒：《弗朗兹·博厄斯之谜：因纽特人、北极与科学》，王丽英、宋志强译，曲枫译校，天津：天津人民出版社，2023，第111页。

9 参见［美］李相僖、［韩］尹信荣：《想太多的人类学家》，陈建安译，天津：天津科学技术出版社，2020。

10 参见［英］布劳尼斯娄·马林诺夫斯基：《自由与文明》，张帆译，北京：世界图书出版公司，2009。

11 参见［德］恩格斯：《家庭、私有制和国家的起源》，中共中央马克思、恩格斯、列宁、斯大林著作编译局编译，北京：人民出版社，2018。

12 参见 https://www.ipss.go.jp/syoushika/tohkei/Popular/P_Detail2024.asp?fname=T06-23.htm。

13 参见 https://caoss.org.cn/upload/news/20240318/487626172b5a47acaa068249ecf5f38a.pdf。

14 参见［美］玛格丽特·米德：《三个原始部落的性别与气质》，宋践等译，冯钢校，杭州：浙江人民出版社，1988。

15 参见［美］威廉·A.哈维兰等：《文化人类学：人类的挑战》，陈相超、冯然等译，北京：机械工业出版社，2014。

16 参见尹仑：《从空间角度论一妻多夫婚姻家庭——以佳碧村为案例》，《中南民族大学学报（人文社会科学版）》2006年第3期，第35—41页。

17 Anthony Giddens, *The Transformation of Intimacy: Sexuality, Love and Eroticism in Modern Societies*, Stanford: Stanford University Press, 1992, p38.

18 ［德］恩格斯：《家庭、私有制和国家的起源》，中共中央马克思、恩格斯、列宁、斯大林著作编译局编译，北京：人民出版社，2018，第83页。

19 [德]恩格斯：《家庭、私有制和国家的起源》，中共中央马克思、恩格斯、列宁、斯大林著作编译局编译，北京：人民出版社，2018，第89页。

20 参见[法]马塞尔·莫斯：《礼物：古式社会中交换的形式与理由》，汲喆译，上海：上海人民出版社，2002。

21 参见阎云翔：《礼物的流动———一个中国村庄中的互惠原则与社会网络》，李放春、刘瑜译，上海：上海人民出版社，2000。

22 [法]马塞尔·莫斯：《礼物：古式社会中交换的形式与理由》，汲喆译，上海：上海人民出版社，2002，第209页。

23 参见[英]卡尔·波兰尼：《巨变：当代政治与经济的起源》，黄书敏译，北京：社会科学文献出版社，2017。

24 参见[美]大卫·格雷伯：《债：第一个5000年》，孙碳、董子云译，北京：中信出版社，2012。

25 [美]大卫·格雷伯：《债：第一个5000年》，孙碳、董子云译，北京：中信出版社，2012，第35页。略有修改。

26 [美]大卫·格雷伯：《债：第一个5000年》，孙碳、董子云译，北京：中信出版社，2012，第77页。

27 参见田汝康：《芒市边民的摆》，昆明：云南人民出版社，2008。

28 参见[英]E. E.埃文思－普理查德：《阿赞德人的巫术、神谕和魔法》，覃俐俐译，北京：商务印书馆，2006。

29 参见[美]包尔丹：《宗教的七种理论》，陶飞亚、刘义、钮圣妮译，上海：上海古籍出版社，2005。

30 参见[英]爱德华·泰勒：《原始文化：神话、哲学、宗教、语言、艺术和习俗发展之研究》，连树声译，桂林：广西师范大学出版社，2005。

31 参见[法]列维-布留尔：《原始思维》，丁由译，北京：商务印书馆，2004。

32 参见[英]E. E. 埃文思-普理查德：《阿赞德人的巫术、神谕和魔法》，覃俐俐译，北京：商务印书馆，2006。

33 参见[英]安东尼·吉登斯：《现代性与自我认同》，赵旭东、方文译，王铭铭校，北京：生活·读书·新知三联书店，1998。

34 参见[德]乌尔里希·贝克：《风险社会：新的现代性之路》，张文杰、何博闻译，南京：译林出版社，2004。

35 参见刘琪、高松：《被送走的"祖先"——云南德宏景颇族丧葬仪式的宇宙观探析》，《开放时代》2020年第6期，第208—221页、第11页。

36 参见[美]奇迈可：《成为黄种人：亚洲种族思维简史》，方笑天译，杭州：浙江人民出版社，2016。

37 《消除一切形式种族歧视国际公约》（1965）：https://www.un.org/zh/documents/treaty/A-RES-2106(XX)

38 [挪威]弗雷德里克·巴斯主编：《族群与边界——文化差异下的社会组织》，李丽琴译，马成俊校，北京：商务印书馆，

2014，第2页。在这本中译本里，译者将Barth译为"巴斯"，在本文中，笔者采用了更接近原音的"巴特"。

39 参见 Abner Cohen, *Custom and Politics in Urban Africa*, Berkeley: University of California Press, 1969；金怡：《族群的象征与政治——读科恩〈城市非洲的风俗与政治〉》，《西北民族研究》2016年第2期，第69—72页。

40 参见[美]韩起澜：《苏北人在上海，1850—1980》，卢明华译，上海：上海古籍出版社 上海远东出版社，2004。

41 [印]阿马蒂亚·森：《身份与暴力——命运的幻象》，李风华、陈昌升、袁德良译，刘民权、韩华为校，北京：中国人民大学出版社，2012，第26—27页。

42 [美]康拉德·菲利普·科塔克：《人类学：人类多样性的探索》，黄剑波、方静文等译，北京：中国人民大学出版社，2012，第318页。

43 [挪威]弗雷德里克·巴斯主编：《族群与边界——文化差异下的社会组织》，李丽琴译，马成俊校，北京：商务印书馆，2014，第6页。

44 参见 Astuti Rita, "'The Vezo Are Not a Kind of People': Identity, Difference, and 'Ethnicity' among a Fishing People of Western Madagascar," *American Ethnologist*, vol.22, no.3, 1995, pp.464—482。

45 [英]丽塔·阿斯图蒂：《依海之人》，宋祺译，上海：华东师范大学出版社，2023年，第92页。亦见笔者为本书所写《导读》。

46 Astuti Rita, "'The Vezo Are Not a Kind of People': Identity, Difference, and 'Ethnicity' among a Fishing People of Western Madagascar," *American Ethnologist*, vol.22, no.3, 1995, p465.

47 参见[加]查尔斯·泰勒：《自我的根源：现代认同的形成》，韩震等译，北京：译林出版社，2001。

48 [加]查尔斯·泰勒：《承认的政治》，董之林、陈燕谷译，载汪晖、陈燕谷主编《文化与公共性》，北京：生活·读书·新知三联书店，2005，第301页。

49 参见王赟、[法]米歇尔·玛菲索利：《"群体沉醉"与"小确幸"：后现代社会就在我们身边——米歇尔·玛菲索利教授访谈录》，《探索与争鸣》2020年第3期，第61—68页。

50 参见梁永佳：《族群本体：作为"原住民"和"我们人"的马来西亚知翁人》，《学术月刊》2022年第10期，第164—175页。

51 参见[英]埃德蒙·利奇：《列维-斯特劳斯》，王庆仁译，北京：生活·读书·新知三联书店，1985。

52 参见[美]马歇尔·萨林斯：《历史之岛》，蓝达居等译，刘永华、赵丙祥校，上海：上海人民出版社，2003。

53 [法]爱弥儿·涂尔干：《宗教生活的基本形式》，渠东、汲喆译，上海：上海人民出版社，2006，第210—211页。

54 [法]爱弥儿·涂尔干：《宗教生活的基本形式》，渠东、汲喆译，上海：上海人民出版社，2006，第219页。

55 [美]克利福德·格尔兹:《文化的解释》,纳日碧力戈等译,王铭铭校,上海:上海人民出版社,1999,第478页。

56 [英]扶霞·邓洛普:《鱼翅与花椒》,何雨珈译,上海:上海译文出版社,2018,第1页。

57 [美]马文·哈里斯:《好吃:食物与文化之谜》,叶舒宪、户晓辉译,济南:山东画报出版社,2001,第4页。

58 [美]马歇尔·萨林斯:《文化与实践理性》,赵丙祥译,张宏明校,上海:上海人民出版社,2002,第221—227页。

59 [美]马歇尔·萨林斯:《文化与实践理性》,赵丙祥译,张宏明校,上海:上海人民出版社,2002,第224页。

60 参见[英]玛丽·道格拉斯:《洁净与危险》,黄剑波、卢忱、柳博赟译,张海洋校,北京:民族出版社,2008。

61 参见[美]西敏司:《甜与权力——糖在近代历史上的地位》,王超、朱健刚译,北京:商务印书馆,2010。

62 参见[日]大贯惠美子:《作为自我的稻米:日本人穿越时间的身份认同》,石峰译,杭州:浙江大学出版社,2015。

63 [美]西敏司:《饮食人类学:漫话餐桌上的权力和影响力》,林为正译,北京:电子工业出版社,2015,第1页。

64 转引自[美]乔治·瑞泽尔:《汉堡统治世界?!——社会的麦当劳化》,姚伟等译,北京:中国人民大学出版社,2014,第69页。

65 参见[法]阿诺尔德·范热内普:《过渡礼仪》,张举文译,北京:商务印书馆,2010。

66 参见 [英] 维克多·特纳：《象征之林——恩登布人仪式散论》，赵玉燕、欧阳敏、徐洪峰译，北京：商务印书馆，2006。

67 参见 [英] 维克多·特纳：《仪式过程：结构与反结构》，黄剑波、柳博赟译，北京：中国人民大学出版社，2006。

68 [英] 维克多·特纳：《仪式过程：结构与反结构》，黄剑波、柳博赟译，北京：中国人民大学出版社，2006，第 95 页。

69 [法] 阿诺尔德·范热内普：《过渡礼仪》，张举文译，北京：商务印书馆，2010，第 22 页。

70 [英] 维克多·特纳：《仪式过程：结构与反结构》，黄剑波、柳博赟译，北京：中国人民大学出版社，2006，第 178 页。

71 [法] 葛兰言：《古代中国的节庆与歌谣》，赵丙祥、张宏明译，赵丙祥校，桂林：广西师范大学出版社，2005，第 195 页。

72 参见 Victor Turner, "Liminality, Kabbalah, and the Media," *Religion*, vol.15, no.3, 1985, pp.205—217。

73 参见 [法] 克劳德·列维-斯特劳斯：《我们都是食人族》，廖惠瑛译，上海：上海人民出版社，2016。

74 参见 [英] 玛丽·道格拉斯：《洁净与危险》，黄剑波、卢忱、柳博赟译，张海洋校，北京：民族出版社，2008。

75 [英] 玛丽·道格拉斯：《洁净与危险》，黄剑波、卢忱、柳博赟译，张海洋校，北京：民族出版社，2008，第 45 页。

76 [英] 维克多·特纳：《仪式过程：结构与反结构》，黄剑波、柳博赟译，北京：中国人民大学出版社，2006，第 44—50 页。

77 参见王明珂：《羌在汉藏之间：川西羌族的历史人类学研究》，北京：中华书局，2008；王明珂：《毒药猫理论：恐惧与暴力的社会根源》，台北：允晨文化，2021。

78 参见 [美] 孔飞力：《叫魂：1768 年中国妖术大恐慌》，陈兼、刘昶译，上海：上海三联书店，1999。

79 参见 [奥] 林德尔·罗珀：《猎杀女巫：德国巴洛克时期的惊惧与幻想》，杨澜洁译，北京：经济科学出版社，2013。

80 参见 [美] 欧文·戈夫曼：《污名——受损身份管理札记》，宋立宏译，北京：商务印书馆，2009。

81 参见 David Graeber, *Bullshit Jobs: A Theory*, New York：Simon Schuster，2018。

82 David Graeber, *Bullshit Jobs: A Theory*, New York：Simon Schuster，2018，pp.2—3.

83 参见 [以] 尤瓦尔·赫拉利：《未来简史：从智人到智神》，林俊宏译，北京：中信出版集团，2017。

84 参见 [古希腊] 柏拉图：《理想国》，郭斌和、郭竹明译，北京：商务印书馆，2009。

85 参见苗千、张宇琦、肖楚舟：《人工智能需要一套全新的道德规则——专访〈人类简史〉作者尤瓦尔·赫拉利》，《三联生活周刊》2023 年第 14 期，第 46—49 页。

图书在版编目（CIP）数据

看不见水的鱼：日常生活的人类学瞬间 / 刘琪著. 上海：上海文艺出版社, 2025(2025.9重印). -- ISBN 978-7-5321-9271-7

Ⅰ. Q98-49

中国国家版本馆CIP数据核字第2025A3D729号

策 划 人：杨　婷
责任编辑：汤思怡
封面设计：闷　仔
内文排版：张　峰

书　　名：看不见水的鱼：日常生活的人类学瞬间
作　　者：刘琪
出　　版：上海世纪出版集团　上海文艺出版社
地　　址：上海市闵行区号景路159弄A座2楼 201101
发　　行：上海文艺出版社发行中心
　　　　　上海市闵行区号景路159弄A座2楼206室 201101 www.ewen.co
印　　刷：上海中华印刷有限公司
开　　本：1092×787 1/32
印　　张：8
字　　数：145,000
印　　次：2025年5月第1版 2025年9月第3次印刷
Ｉ Ｓ Ｂ Ｎ：978-7-5321-9271-7/C.115
定　　价：58.00元
告 读 者：如发现本书有质量问题请与印刷厂质量科联系　T: 021-69213456